职业教育“十三五”规划教材·无人机应用技术

WURENJI HANGPAI JISHU

无人机航拍技术

主　编　王宝昌
副主编　郝建新　康永斌
　　　　邱晓彪

西北工業大學出版社

【内容简介】 本书从无人机航拍实际出发，系统地介绍了无人机航拍的相关技术。内容包括无人机航拍概述，摄影摄像基本知识，无人机航拍设备，无人机的操控，无人机航拍技巧，航拍图像的后期处理以及无人机飞行安全等。本书具有基础性和通用性的特点，内容深入浅出，通俗易懂，读者通过学习能够实际掌握无人机航拍原理和技术。

本书可作为中、高等职业院校相关专业教材使用，也可作为无人机培训教材和无人机爱好者的参考书。

图书在版编目(CIP)数据

无人机航拍技术/王宝昌主编．—西安：西北工业大学出版社，2017.1(2023.6 重印)

ISBN 978-7-5612-5180-5

Ⅰ.①无… Ⅱ.①王… Ⅲ.①无人驾驶飞机—航空摄影 Ⅳ.TB869

中国版本图书馆 CIP 数据核字(2017)第 020128 号

策划编辑：杨　军
责任编辑：李阿盟

出版发行：西北工业大学出版社
通信地址：西安市友谊西路 127 号　　邮编：710072
电　　话：(029)88493844，88491757
网　　址：www.nwpup.com
印 刷 者：兴平市博闻印务有限公司
开　　本：787 mm×1 092 mm　　1/16
印　　张：9.75
字　　数：234 千字
版　　次：2017 年 1 月第 1 版　　2023 年 6 月第 12 次印刷
定　　价：29.00 元

前　言

航空摄影作为现代化的摄影手段，能够以人们一般难以达到的高度俯视事物的全貌，以彻底解放的视角，给受众传达一种宏观形象，带来焕然一新的视觉享受。近年来，各种方式的航拍在电影、电视片的制作中得到了广泛应用。由于航拍的特殊方式和要求，飞行器的选择对航拍的最终效果起着决定性的作用，这也是航空拍摄与其他摄影方式最大的区别。多旋翼无人机凭借优越的适应性和广泛性，成为当前我国航空摄影的主要拍摄机型。随着航空技术的发展，航拍配套设施也在不断更新，更多优秀摄影师加入到航拍的队伍中，使得无人机航拍从各个方面不断完善。特别在个人影像时代，常规拍摄器材和拍摄手段日益普及，其视觉呈现已经不能完全满足观众的审美需求。

本书从实用的角度出发，介绍航拍无人机的组成原理和操控技术、无人机航拍的常用手法和技巧以及航拍图像的后期处理技术，并介绍摄影摄像的基本知识，在附录中编入我国无人机相关的法律法规。本书可作为中、高等职业院校相关专业教材使用，也可作为无人机培训教材和无人机爱好者的参考书。

本书第1,3,5章由王宝昌编写，第2,4章由邱晓彪编写，第6章由康永斌编写，第7章由郝建新编写，王宝昌任主编。

本书在编写中参考了很多互联网上的文章，在此向原作者表示衷心感谢！

限于理论水平和实践经验，书中不妥之处在所难免，敬请读者指正。

编　者

2016年10月

目　　录

第 1 章　无人机航拍概述 …… 1

1.1　无人机的定义和分类 …… 1
1.2　无人机航拍 …… 2
1.3　无人机航拍的发展趋势 …… 6
思考与练习题 …… 7

第 2 章　摄影摄像基本知识 …… 8

2.1　摄影基本知识 …… 8
2.2　摄像基本知识 …… 36
思考与练习题 …… 50

第 3 章　无人机航拍设备 …… 51

3.1　多旋翼无人机系统的组成 …… 51
3.2　无人机任务设备 …… 64
思考与练习题 …… 68

第 4 章　无人机的操控 …… 69

4.1　无人机操控概述 …… 69
4.2　天气对飞行的影响 …… 83
4.3　日常检查和保养 …… 86
4.4　飞行突发情况处理 …… 87
思考与练习题 …… 88

第 5 章　无人机航拍技巧 …… 89

5.1　前期准备 …… 89
5.2　航拍构图 …… 90
5.3　常用航拍手法和技巧 …… 96
5.4　特殊环境航拍 …… 102
思考与练习题 …… 103

第 6 章　航拍图像的后期处理 …… 104

6.1　视频图像处理软件介绍 …… 104
6.2　Adobe Premiere Pro CC 基本操作 …… 107
6.3　航拍图像编辑技巧 …… 124
6.4　后期调色和特效 …… 128
思考与练习题 …… 131

第 7 章　无人机飞行安全 …… 132

7.1　飞行安全 …… 132
7.2　无人机监管 …… 135

附录 …… 139

附录 1　《轻小型无人机运行(试行)规定》 …… 139
附录 2　《民用无人机驾驶员管理规定》 …… 144

参考文献 …… 150

第1章　无人机航拍概述

1.1　无人机的定义和分类

1.1.1　无人机是什么

无人机是无人驾驶飞行器(Unmanned Aerial Vehicle,UAV)的简称,是利用无线电遥控设备和自备的程序控制装置操纵的飞行器。

1.1.2　无人机的分类

按飞行平台构型分类,无人机可分为固定翼无人机、旋翼无人机、无人飞艇、伞翼无人机、扑翼无人机等。

按用途分类,无人机可分为军用无人机和民用无人机。

按尺度分类,无人机可分为微型无人机、轻型无人机、小型无人机以及大型无人机。微型无人机是指空机质量小于等于7 kg的无人机。轻型无人机是指空机质量大于7 kg,但小于等于116 kg的无人机,且全马力平飞中,校正空速小于100 km/h,升限小于3 000 m。小型无人机是指空机质量小于等于5 700 kg的无人机,微型和轻型无人机除外。大型无人机是指空机质量大于5 700 kg的无人机。

按活动半径分类,无人机可分为超近程无人机、近程无人机、短程无人机、中程无人机和远程无人机。超近程无人机活动半径在15 km以内,近程无人机活动半径在15～50 km之间,短程无人机活动半径在50～200 km之间,中程无人机活动半径在200～800 km之间,远程无人机活动半径大于800 km。

按任务高度分类,无人机可以分为超低空无人机、低空无人机、中空无人机、高空无人机和超高空无人机。超低空无人机任务高度一般在0～100 m之间,低空无人机任务高度一般在100～1 000 m之间,中空无人机任务高度一般在1 000～7 000m之间,高空无人机任务高度一般在7 000～18 000 m之间,超高空无人机任务高度一般大于18 000 m。

1.2 无人机航拍

1.2.1 航拍的概念

航拍又称空中摄影或航空摄影，是指从空中拍摄地球地貌，获得俯视图，此图即为航拍图。航拍的摄影机可以由摄影师控制，也可以自动拍摄或远程控制。航拍所用的平台包括航空模型、飞机、直升机、热气球、小型飞船、火箭、风筝、降落伞等。航拍图能够清晰地表现地理形态，因此航拍图除了作为一种摄影艺术外，也被运用于军事、交通建设、水利工程、生态研究、城市规划等方面。

1.2.2 影视航拍

影视航空摄影也叫影视航拍，亦简称为航拍，是当前广为流行的词汇。作为一种现代化的摄影手段，在各种影视节目中得到了广泛应用，并逐渐发展成为一个特殊的摄影门类，是最具活力和表现力的摄影技术之一。

运用航空摄影来俯视拍摄主体，能够达到一般人难以达到的高度和速度，获得非同一般的拍摄视角和运动感觉，大大拓宽镜头的表现力和冲击力，给人以美的视觉享受。在各种大型电视纪实片的拍摄中，航拍往往是不可缺少的表现手段，起着画龙点睛的作用。

世界各国的电视台都对航拍给予相当的重视，一些具有雄厚实力的电视台都配备有自己的直升机和航拍人员，随时准备从空中进行电视现场报道。我国的电视航拍虽然起步较晚，但发展很快。从20世纪50年代到现在，中央电视台曾经多次组织大型的航拍，一些地方电视台也具备了组织航拍的实力，并且航拍手段越来越先进，航拍技术越来越高超，航拍画面越来越精美。

Flying-Cam的SARAH无人机航拍系统自2012年起开始提供服务，参与拍摄的电影包括《007：天降杀机》《遗落战境》《囚徒》《蓝精灵2》和《大明猩》等。该系统包括一个25 kg的全电动平台、一寸精度自动驾驶仪和陀螺稳定摄像头，以及为任务规划和监控提供图形用户界面的地面控制站。电影《满城尽带黄金甲》的拍摄中，张艺谋也是第一次邀请Flying-Cam到中国，实现了在自己电影中使用航拍技术的愿望。

2014年8月6日，中央电视台购置了Flying-Cam近距离航拍系统（见图1.1），该系统由比利时FC公司研制，是中央电视台2012年立项的重点项目，由两个飞行器、陀螺仪、地面控制基站、传输系统组成。每个飞行器可持续飞行30 min，满足高清直播制作需求，具有系统稳定性高、安全性高、操作灵活的特点，独特、全方位的拍摄视角大大提升视觉的冲击力和震撼力，适用于各类电视节目制作（见图1.2）。

1.2.3 无人机航拍的特点

小型轻便、高效机动、影像清晰、安全和智能化是无人机航拍的突出特点。无人机为航拍摄影提供了操作方便、易于转场的遥感平台，与载人机比成本更低，审批手续更简便，起飞降落受场地限制小，特别是多旋翼无人机，几乎可以在任何地点起飞和降落，其稳定性、安全性好，转场非常容易。无人机可以到达有人机不能到达的地方进行拍摄，例如建筑物内部、桥梁底部、涵洞以及火灾现场、高辐射、有毒有害气体等环境。

无人机最大的好处是不必担心人员安全，也不必担心飞行员的体力限制。

图 1.1　Flying－Cam 近距离航拍系统

图 1.2　2014 年央视《钱塘“追”潮》大型直播活动

1.2.4　无人机航拍的应用领域

1.街景拍摄、监控巡察

利用携带摄像机装置的无人机，开展大规模航拍，实现空中俯瞰的效果。

其拍摄的街景图片不仅有一种鸟瞰世界的视角，还带有些许艺术气息。在常年云遮雾罩的地区，遥感卫星受限的时候，无人机便可发挥重要作用(见图 1.3)。

2.电力巡检

装配有高清数码摄像机和照相机以及 GPS 定位系统的无人机，可沿电网进行定位自主巡航，实时传送拍摄影像，监控人员可在电脑上同步收看与操控。

采用传统的人工电力巡线方式，条件艰苦，效率低下，一线的电力巡查工偶尔会遭遇“被狗撵”和“被蛇咬”的危险。无人机实现了电子化、信息化、智能化巡检，提高了电力线路巡检的工作效率、应急抢险水平和供电可靠率。而在山洪暴发、地震灾害等紧急情况下，无人机可对线路的潜在危险，诸如塔基陷落等问题进行勘测与紧急排查，丝毫不受路面状况影响，既免去攀爬杆塔之苦，又能勘测到人眼的视觉死角，对于迅速恢复供电很有帮助(见图 1.4)。

图 1.3　无人机街景拍摄

图 1.4　无人机电力巡检

3.交通监视

无人机参与城市交通管理能够发挥自己的专长和优势，帮助公安城市交通管理部门共同解决大中城市交通顽疾，不仅可以从宏观上确保城市交通发展规划贯彻落实，而且可以从微观上进行实况监视、交通流的调控，构建水—陆—空立体交管，实现区域管控，确保交通畅通，应对突发交通事件，实施紧急救援。

4.环保监测

无人机在环保领域的应用，大致可分为三种类型。①环境监测：观测空气、土壤、植被和水质状况，也可以实时快速跟踪和监测突发环境污染事件的发展(见图 1.5)；②环境执法：环境监测部门利用搭载了采集与分析设备的无人机在特定区域巡航，监测企业工厂的废气与废水排放，寻找污染源；③环境治理：利用携带了催化剂和气象探测设备的无人机在空中进行喷撒，与无人机播洒农药的工作原理一样，在一定区域内消除雾霾。

5.确权问题

大到邻国的领土之争，小到农村土地的确权，无人机都可上阵进行航拍。实际上，有些国家内部的边界确权问题，还牵扯到不同的种族，调派无人机前去采集边界数据，有效地避免了潜在的社会冲突(见图 1.6)。

6.农业保险

利用集成了高清数码相机、光谱分析仪、热红外传感器等装置的无人机在农田上飞行，准确测算投保地块的种植面积，所采集数据可用来评估农作物风险情况、保险费率，并能为受灾农田定损，此外，无人机的巡查还实现了对农作物的监测。

无人机在农业保险领域的应用，一方面既可确保定损的准确性以及理赔的高效率，又能监测农作物的正常生长，帮助农户开展针对性的措施，以减少风险和损失。

图 1.5　无人机环境监测

图 1.6　无人机土地确权

7.影视剧拍摄

无人机航拍作为现在影视界重要的拍摄方式之一，跟传统飞行航拍方式相比较，无人机航拍更为经济、安全、便于操控。因此，无人机航拍受到了影视创作与技术人员的热捧。近年来，应用无人机航拍制作的影视作品层出不穷，专题片、影视剧、广告宣传片、音乐电视等都采用了无人机完成航拍作业，并且取得了令人瞩目的社会与经济效益。

地面控制系统解放了飞行员与摄影师，使飞行员可以专心于飞行姿态的控制，执行预期航线，摄影师则可以通过地面控制系统遥控摄像机的推、拉、摇以及旋转、俯仰等动作，专注于技术创作与艺术渲染，原则上如同操作一架可以任意移动的摇臂摄像机(见图 1.7)。

8.灾后救援

利用搭载了高清拍摄装置的无人机对受灾地区进行航拍，提供一手的最新影像。无人机动作迅速，对于争分夺秒的灾后救援工作而言，意义非凡。此外，无人机保障了救援工作的安全，通过航拍的形式，避免了那些可能存在塌方的危险地带，将为合理分配救援力量、确定救灾重点区域、选择安全救援路线以及灾后重建选址等提供很有价值的参考。此外，无人机可全方位地实时监测受灾地区的情况，以防引发次生灾害(见图 1.8)。

其实无人机航拍的应用远远不止这些，如数字城市、城市规划、国土资源调查、土地调查执法、矿产资源开发、森林防火监测、防汛抗旱、环境监测、边防监控、军事侦察和警情消防监控等行业，以及其它可以用到无人机航拍作业的特种行业。

图 1.7　无人机影视剧拍摄

图 1.8　无人机灾后救援

1.3　无人机航拍的发展趋势

1.3.1　无人机航拍存在的主要问题

设备方面，目前航拍无人机最大的问题是续航时间短，载重能力小，安全性和可靠性不高等，限制了它的应用。例如大疆的筋斗云 S1000^{+} 八旋翼飞行器，使用容量为 15 000 mA・h 的动力电池，起飞质量为 9.5 kg 时，最大悬停时间只有 15 min，有效工作时间只有 12 min，如果飞行时风比较大，飞行时间还将缩短。

大疆的筋斗云 S1000^{+} 空机质量为 4.4 kg，最大起飞质量为 11 kg。15 000 mA・h 动力电池质量约为 1.8 kg，任务设备质量最大为 4.8 kg。而禅思 Z15－5D Ⅲ (HD)机载云台加上 5D MARK Ⅲ照相机含 SD 卡、电池和 CANON EF 24 mm f/2.8 IS USM 镜头的质量约为 4.2 kg，已经接近最大起飞质量。也就是说，该机不能承载质量更大的航拍设备。

安全性方面，无线遥控设备易受各种电子信号干扰，指南针易受地磁变化和建筑物等的干扰，造成失控坠机等安全事故。电子设备的可靠性不强，出现故障也会造成安全事故。快速飞行时遇障碍物不能自动避让，轻则造成碰撞坠机，重则与其他载人飞行器相撞可能造成机毁人亡的重大安全事故。

电视直播对续航时间和图像传输延时都有严格要求，需要质量轻、延时小的高清图像传输系统。

人员方面，无人机航拍是近几年迅速发展起来的新生事物，熟练掌握无人机操控技术并懂得摄影摄像技术的人才不多。

1.3.2　无人机航拍的发展趋势

无论是军用还是民用，无人机都将朝着智能化、模块化、标准化、多样化和系列化的趋势发展，其应用范围广泛，前景喜人。设备方面，大载重、长航时多旋翼无人机的研制正在火热进行，续航时间更长、动力更强的无人机产品层出不穷。氢燃料电池多旋翼无人机的续航时间长达273 min。7×24 h全天候作业系留无人机技术：由固定地面装置或车载电源通过缆线直接为无人机供电，实现无人机长时间持续作业，测试无人机已实现54 h连续作业。虽然系留无人机技术的应急机动性不及普通多旋翼无人机，但在大型活动实况转播及安保现场、春运时重点交通枢纽等场景中，可实现全天候持续作业，一旦发生突发事件，可在第一时间发现并及时制定应对措施。

除了续航、功能进步之外，安全性也是不可小觑的方面。2015年，世界上主要的消费级、商业级无人机制造商都开始将“避障系统”(Obstacle Avoidance)当作产品重点来进行研发。主流的电动多旋翼无人机避障系统主要有三种，分别是超声波、TOF，以及相对更复杂的，由多种测距方法和视觉图像处理组成的复合型方法。大疆公司2015年6月初推出智能避障系统“Guidance”，配套可开发无人机平台“经纬”系列(Matrice 100)使用，采用的是复合型避障系统。零度在2015年7月创新者峰会上，首度演示无人机自动避障功能，采用的是无人机TOF避障系统。TOF是Time of flight的简写，直译为飞行时间。所谓飞行时间法3D成像，是通过给目标连续发送光脉冲，然后用传感器接收从物体返回的光，通过探测光脉冲的飞行(往返)时间来得到目标物距离。2016年3月2日大疆发布了精灵系列新品——大疆精灵Phantom 4，采用的是双目视觉+超声波避障系统。双目测距的原理，就像人类的两个眼睛，看到的图像不一样，假如同一个点，两个眼睛看到两张图像是存在差异的，而通过三角测距可以测出这个点的距离。

当前无人机的避障技术还处于一个很初级的阶段，但是火爆的消费无人机市场注定让无人机避障技术成为重点研究的对象，随着技术的不断成熟，将会有更多的方法应用于无人机避障技术之中，也将降低无人机的操作难度。

思考与练习题

1.无人机有哪些类型？

2.民用无人机有哪些应用领域？

3.航拍为什么选择多旋翼飞行器？

4.民用无人机的发展趋势是什么？

第2章 摄影摄像基本知识

2.1 摄影基本知识

2.1.1 照相机基础

摄影的本质是人们通过摄影工具，把所见到的具体事物记录和保留下来，以供人观看。概括地说，摄影就是把客观变化的物象，转化为固定的图像。

在摄影过程中，所使用的工具（照相机镜头和感光元件）具有关键作用。镜头能把被摄景物影像吸纳并聚焦到机身内，感光元件能把镜头透射进来的影像记录并存储在具体的介质上，成为可视的图像。

2.1.1.1 光学成像原理

一般来说，正常人通过眼睛能看到在可视光线照明下的景物。人眼是一个完善的光学系统，它能把外界景物的反射光通过眼睛瞳孔（类似于凸透镜的透明晶球体），透射到视网膜上通过视神经传输信号给大脑形成影像。

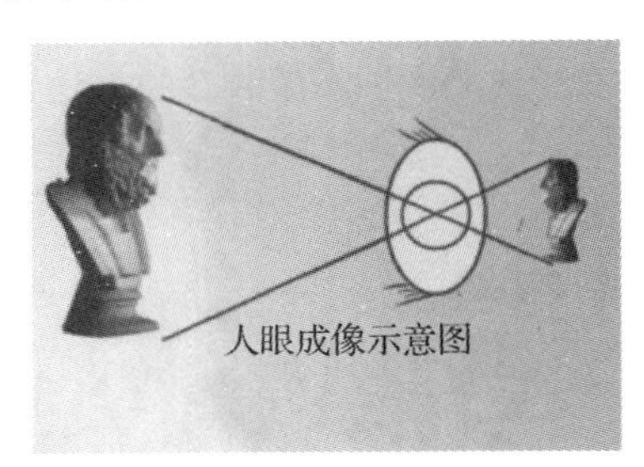

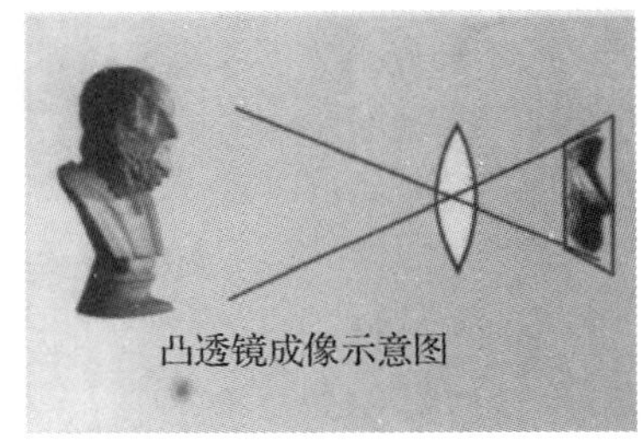

图 2.1 人眼成像和凸透镜成像示意图

照相机镜头成像与人眼成像原理基本是一致的。被摄景物的反射光，通过镜头聚焦到照相机内的感光元件（传统胶片、图像传感器）形成影像，如图 2.1 所示。两者也有不同之处，具体区别如下。

1.成像正反不同

照相机镜头成像时，拍摄对象在呈影框中的影像是上下左右颠倒的；人眼成像时，视网膜上的景物影像经过人的大脑调整，视觉效果与客观存在的景物是相同的正像。

2.影像载体不同

照相机用来承载影像的是感光元件；人眼聚焦形成的影像是落实在视网膜上的。

3.调节光线方式不同

照相机镜头靠人工调节进光量或人工事先设置好相机自动曝光程序控制进光量；人眼可以自动调节明暗，如从黑暗的室内到强烈光线下时会睁不开眼睛，闭眼片刻后，就能逐渐看清强光下的景物。反之亦然。

照相机是仿生学的产物，它最初是根据人眼的构造制造的。后来随着对光学研究的深入，照相机镜头又有了发展和改进，从小孔成像到凸透镜单镜片成像，后又发展为精密高级的镜头，景物通过镜头聚焦成像越来越好，获得的影像质量也越来越好。

2.1.1.2　摄影感光成像原理

通过镜头形成的影像，必须固定和呈现出来，这就要靠照相机内的感光元件来记录、存储影像。照相机的类型不同，主要是其感受和记录影像的元件不同，如目前最常用的数码相机采用的是图像传感器(CCD 或 CMOS)，而传统相机采用的是感光胶片。这两种元件的感光成像原理是一样的，它们对光、色的接收和反应过程也大体相似(见图 2.2)。不过数码载体在工作上更方便，受限制更少一些。

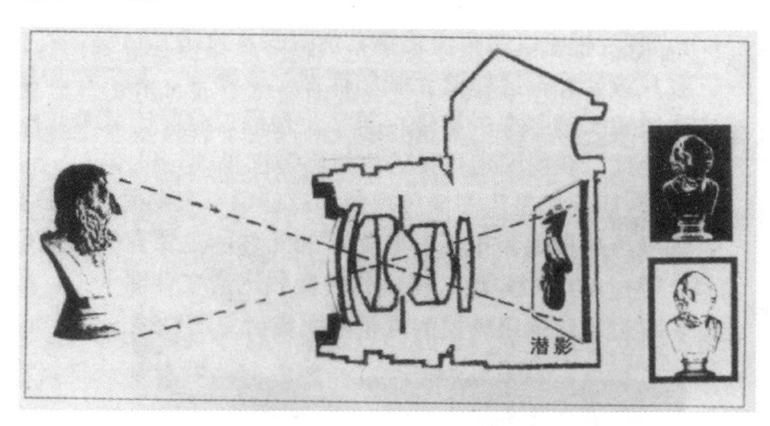

图 2.2　照相机成像示意图

1.光、色与影像感光元件的关系

光(色)是电磁波的一部分，范围很广，但人的眼睛对光和色的感受是很有限的，大部分并不能直接看到。人眼只对光谱中波长在 380～760 nm 这一波段内的光，才有感应和视觉认识。常规的影像载体，无论是数码元件(CCD 或 CMOS)还是传统胶片，基本都是根据人眼感受光、色的特性设计和制造的，并追求还原人眼的感受。

(1)光是摄影的前提，没有光就没有影像。当你走进一间黑暗无光的室内，眼前漆黑一片，如果你拿起相机拍摄照片，那么无论是传统胶片摄影还是数码摄影，它们都无法记录到任何影像。因此说光是摄影的前提和基础。

(2)感光元件与人眼的视觉感受有很大不同。不论是传统胶片，还是图像传感器，由于受到科技条件的限制，它们记录和再现客观世界的本领不是万能的，与人眼差距很大。

一是人眼可以在白雪到黑炭这样明暗差距极大的范围内(1∶300 以上)工作，并能迅速调整获得合适的视觉影像。而照相机的感光元件就做不到，合适的明暗比为 1∶128 以下。拍摄明暗比太大的景物，在影像上达不到符合视觉的效果。若被摄景物的明暗亮度之比超出了影像明暗比值范围，就得不到理想的影像。过亮部分雪白一片，过暗部分漆黑一片，两者都缺乏影像的层次和细节。

二是光色及其冷暖变化，由发光体的波长决定。不同波长的光照射到同一景物上，显色性不同。如钨丝灯呈现为橙黄的暖色，日光灯呈现为浅蓝的冷色。但通过人眼看不同光源的照射，可以自我进行心理调节，克服色差，视觉上感受为相似的正常色调的影像。

在照相机感受光色时，数码相机设有调节光色的装置(白平衡)，可以根据光源光色的不同进行调节。在日光下拍摄就要把白平衡调到日光色温 5 500 K 上，若在灯光下拍摄则白平衡调到灯光色温 3 200 K 上。传统感光胶片则比较死板和固定，日光型彩色片适合于日光(5 500 K 色温)下拍摄，灯光型彩色片适合于灯光(3 200 K 色温)下拍摄。只要遵守以上要领，照片就能获得正确的色彩。

(3)特殊影像效果需要选择使用相应的感光元件。有些影像效果的获得，是建立在特殊的感光元件基础之上的，如红外线摄影就只能是使用红外线胶片才能实现。这种专门针对某类光线特点来完成特有的影像效果，从拍摄到制作，都有专门的材料及其工艺。如 X 线胶片、黑白胶片、水下相机等。为了获得特殊的影像效果，摄影者需要选择使用相应的器材。

2.传统感光胶片和数码感光元件的差异

(1)胶片相机以涂有卤化银乳剂的胶片为感光材料。胶片银盐乳剂层感受光线后模拟记录影像，其工作步骤如下：首先由胶片上的卤化银乳剂层感应通过镜头透射来的影像；第二步是通过化学方式处理胶片，对感光胶片上的潜影进行显影、定影等处理，获得固定可见的物体影像(见图 2.3)。

图 2.3　传统 135 胶片相机

(2)数码相机用图像传感器和存储磁卡来感受存储影像。图像传感器是用电子芯片做成的元件，主要有 CCD 或 CMOS 感光板，它将感光信号转变为电信号，通过 A/D(模/数)转换器转换后记录在存储卡上。数码相机的影像直接以数字方式保存、传送，经过电脑输出转换为可视的图像。

(3)数码元件比传统胶片的感光度灵活方便。传统胶片的感光度是单一固定的，拍摄时应按照胶片感光度调整曝光，工作往往受到很大限制。而现在的数码相机，设置有可变化感光度(ISO)，工作范围在 6 挡左右(ISO 50～ISO 1600)，相当于配置了 6 个不同感光度的胶片，拍摄时可以根据现场光照条件按摄影师需要随时调节感光度。外景阳光充足，选用低感光度；黑夜或室内光照微弱，可调节使用高感光度。

2.1.1.3　照相机类型

从早期的木头匣子，到今天的数码相机，虽然时间只有 100 多年，但照相机制造中，融合了人工智能、光电一体、数码技术等最新科技理论、工艺和材料，真可以说是发生了翻天覆地的变化。不过从学习的角度看，只要抓住其主要结构和类型，就能较好地理解和掌握照相机的有关功能和使用技巧。

1.数码相机常用分类

当今的市场上，数码照相机的品牌和型号是百样千种，令人眼花缭乱。对于初学者来说，首先就要知道并了解相机的类型，在各种各样的相机中根据需要而挑选合适的相机。

随着数码科技的快速发展，数码相机结构更加轻巧、类型更加多样，在照相机的分类上也有新的说法。目前在社会上，一般将数码相机划分为轻便型相机、高档消费机、专业单反机 3 种。

(1)轻便型相机。它是品种最多样、体积也最小巧的机型，小到像卡片一样可以放在口袋里，因此被大众起名为卡片机或口袋机。这类相机的特点是镜头、机身和闪光灯一体化，功能全自动，操作极为简便，普通人都能轻易拍摄出不错的照片。轻便型相机所采用的图像传感器基本上是微小化的，主要是 1/2.5 in(1 in＝2.54 cm)，1/2 in，1/1.8 in，1/1.7 in 等画幅尺寸，像素通常比其它类型相机的低，拍摄画面用来洗印 6 in 左右的纪念照足够了(这正是此类相机的主要用途)，加上其低廉的价格，深受普通百姓和摄影初入门者的喜爱，因此市场占有量最大的就是轻便型相机，如图 2.4 所示。

图 2.4　轻便型相机

(2)高档消费机。高档消费机体积一般比轻便型相机要大，比专业单反机型要小，品牌、样式的多少和价格的高低都位于两种机型之间。这类相机基本上也都是镜头、机身、闪光灯一体化的紧密结构，采用的图像传感器尺寸较小，以 1/1.8 in，1/1.7 in，4/3 in 系统为多，像素比较高，拍摄的画面可用作报刊画册、旅游生活等要求较高的场合，因此这类相机往往成为许多白领阶层和发烧友的首选。

真正典型的是高档消费机的功能和操作，与专业单反机相比轻便而简易化，与轻便型相机相比又显得更强大和专业。首先是镜头的大变焦比，一般为 5～12 倍，甚至有的达到 18 倍，是专业机和轻便型相机都比不了的。其次是设置有 P.A.S.M 等多种模式，除了全自动操作外，还有手动操作。同时，高档机型都具有一些高级的个性化功能和扩展空间等，如图 2.5 所示。

图 2.5　高档消费机

(3)专业单反机。体积较大且能更换镜头是单反机的特点，功能设置追求专业化是另一个特点，这就是专业单反机的主要特征。

这类相机多是金属机身，可以更换使用广角、标准和长焦等不同的镜头，闪光灯也可拆装通用；另外，单反机机器的坚固耐用、强大的专业功能和配件的扩充能力、高昂的价格，这都是轻便机和(高档)消费机所不能比的。因为其采用了全画幅或画幅尺寸略小的图像传感器，而且像素高(一般代表当时最高水平)，拍摄的画面品质高，可以广泛用于人像、新闻和广告等拍摄需要，是专业摄影师的主要工具，如图 2.6 所示。

图 2.6　专业单反机

2.1.2　数码照相机主要结构与功能

在摄影大体系中，科学和艺术理论具有指导意义，而取景、成像、留影这一根本性的目的，是通过照相机等摄影器材来完成和实现的。其中，最主要的当属照相机和镜头，因为没有了机身和镜头，就无法获得影像。其它的各种器材如遮光罩、三脚架、滤光镜、闪光灯等，虽然对于良好的影像效果有着重要作用，但不是决定性因素，均属于辅助器材。

一架照相机看起来复杂精密、零件无数，但是从结构上无非是由镜头、机身(含快门)、取景系统、感光元件和存储卡、调控装置、闪光灯等 6 个主要部件构成。

如果打个比方来说相机的结构部件，那么可以说：镜头是相机的眼睛，机身是相机的躯体，取景器是相机的窗口，感光元件是相机的绘图纸和保管箱，调控装置是相机的行为开关。它们综合一体，在人脑和相机内微电脑的共同指挥下，快速、准确地完成拍摄任务。下面就这几个部件分别加以介绍。

2.1.2.1　镜头

摄影镜头的品种和样式很多，但主要是按其焦距进行分类的。在摄影镜头的镜圈上可看到一组数据：如 $F=50$ mm 或 $f=28$ mm 等，这就是镜头焦距(FOCAL LENGTH)的标志。

什么是焦距？先从普通凸透镜说起。孩子们常做这样的游戏，用放大镜（凸透镜）把阳光汇聚到一张白纸或枯叶上的某一点，这一点就会被烧焦，因此在光学上就将这一点称为焦点。从焦点到凸透镜中心的距离在光学上称为焦距，如图 2.7 所示。

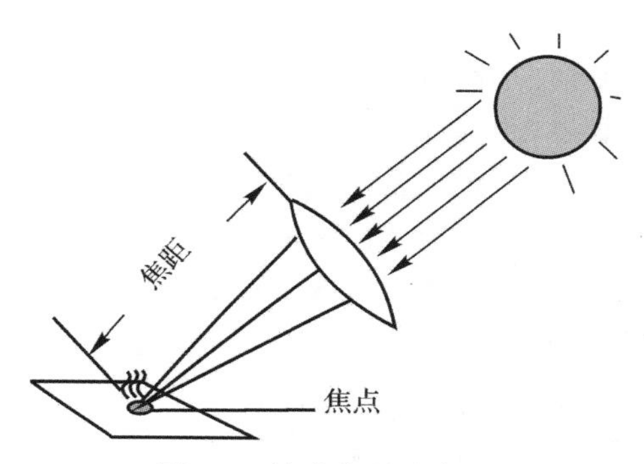

图 2.7　镜片焦距示意图

镜头是由一组透镜组成的，因此焦距不是从镜头透镜中心点到焦点成像（聚焦）平面的距离，而是由透镜的主点算起。因此镜头焦距的定义即从镜头主点到成像聚焦平面的距离，如图 2.8 所示。

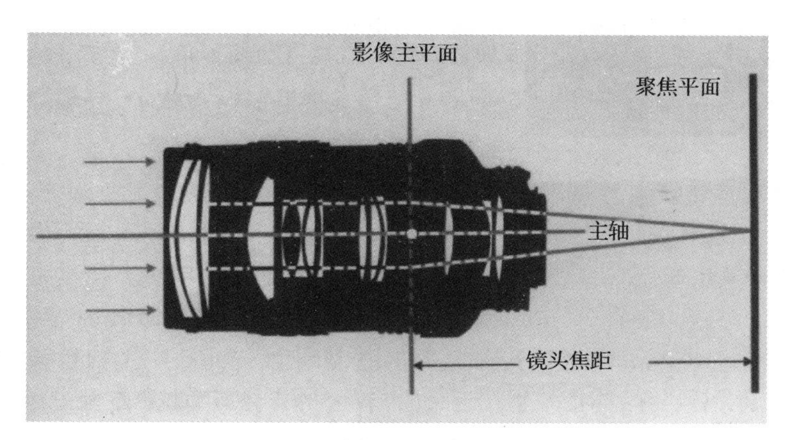

图 2.8　镜头焦距示意图

镜头焦距类型有固定焦距的定焦镜头，也有可灵活变动焦距的变焦镜头。镜头焦距可短至几毫米、长到几千毫米不等，主要分为长焦距、标准焦距、短焦距三大类型（见图 2.9），一般数码相机的镜头焦距因其感光元件的尺寸大小、种类差异会有不同的变化，但是都按传统 135 相机镜头的焦距来折算(等效镜头焦距),相机说明书上都会有具体说明。

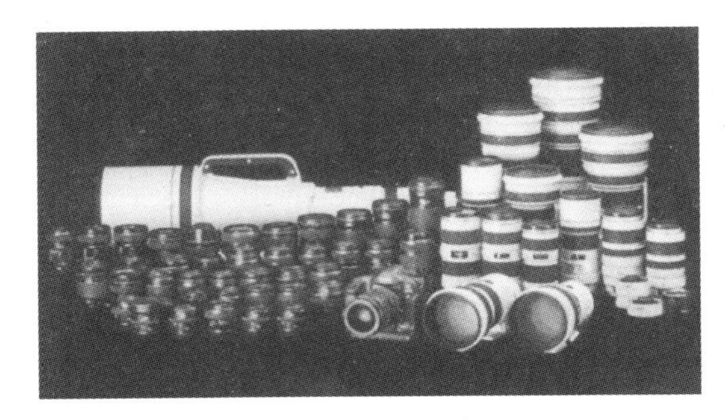

图 2.9　镜头群

1. 镜头焦距及成像特点

(1)标准镜头。在镜头的设计和制造中,把与人眼视角大致相同的镜头(视角为 46°)称为标准镜头。标准镜头的焦距长度与相机画幅对角线长度相近,由于不同相机的画幅大小是不一样的,因此所对应的标准镜头的焦距也是不同的。例如:135 相机标准镜头的焦距范围一般为 40～58 mm,120 相机标准镜头的焦距范围一般为 75～90 mm。

标准镜头具有符合人眼视觉感受、无夸张变形和成像质量好的优点,适用于拍摄正常效果的画面,尤其是在要求真实性较高的纪实类(新闻、资料)题材中用得很多,这是其它类型的镜头所不能比的。

(2)广角镜头(短焦距镜头)。焦距短、视角广于标准镜头的镜头为广角镜头。135 相机中,焦距在 38～24 mm、视角在 60°～90°之间的镜头为普通广角镜头;焦距在 20 mm 以下、视角在 90°以上的镜头称为大广角镜头。广角镜头拍摄的画面,视野宽阔,空间纵深度大,可以展示强烈的空间效果。同时,对被摄物体的成像具有较大的透视变形影响,造成一定的扭曲失真。

广角镜头中有一种视角接近 180°的超广角镜头,如 135 相机中的 16 mm,9 mm 镜头,此类镜头的镜片凸出,类似于鱼的眼睛,因此又称为“鱼眼镜头”。鱼眼镜头又分全视场与圆视场两种。全视场拍摄的画面场景为长方形的,但地平线和垂直线被扭曲成弧线;圆视场镜头拍摄的画面则把景物变形压缩在一个圆球形画面里。鱼眼镜头较一般广角镜头景深更大,视野更宽阔,夸张地改变透视关系。鱼眼镜头常常用于拍摄大场面照片,能给画面造成独特的视觉效果。

(3)长焦距镜头(望远镜头)。焦距长、视角小于标准镜头的镜头为长焦距镜头。135 相机中,长焦距镜头的焦距一般有 70 mm,85 mm,135 mm,300 mm,500 mm 等,视角在 5°～30°。摄影界习惯把 70～100 mm 段的镜头称为中焦镜头;把 135 mm 以上的镜头称为长焦镜头。长焦镜头拍摄远距离景物时能把景物拉近,获得较大的影像,因此又称为望远镜头,这类镜头在远处拍摄时不会惊动被摄对象,比较容易抓拍到自然、生动的画面。

(4)微距镜头。微距镜头或微距功能是专门为近距离拍摄或拍摄微小对象而设计的,焦距大多在 30～80 mm。微距镜头可以将微小的物体如邮票、硬币甚至更小的物体,按 1∶1 的比例记录到画面上,也可以在很近的距离内拍摄,对表现物体的细节和保证影像的质量,都具有特别的优势。

2.变焦距镜头

现在的数码相机都是变焦距镜头(变焦镜头)，非常方便使用，而早些年的传统相机多是固定焦距镜头(定焦镜头)，工作时需要同时配几个焦距的镜头换着用，十分不便。

(1)定焦镜头与变焦镜头。虽然定焦镜头具有成像质量好、口径大、价格低廉等特点，但变焦镜头是可以连续变动焦距的镜头，在拍摄实践中具有一镜走天下的巨大优势。一个变焦镜头具有多种焦距区段，如 28～70 mm，28～135 mm，28～200 mm，35～350 mm 等，拍摄时可根据需要迅速变换焦距，减少了使用定焦镜头时更换镜头的麻烦；其不足之处是变焦镜头口径通常较小，一般在 $F/3.5$～$F/5.6$，纳光量较小，在曝光时间上受限较多，镜头的成像质量也远不如定焦镜头。

(2)光学变焦与数码变焦。光学变焦是利用镜头中的镜片位置移动而改变焦距，就像望远镜的原理一样，是真正意义的变焦；数码变焦是根据拍摄需要，将一部分景物在相机内部用电子电路放大，不是真正意义的变焦，放大后会使噪点增加。因此光学变焦效果好，但是设备体积大；而数码变焦效果差，优点是体积小、方便。

2.1.2.2　成像器件(CCD/CMOS)

1.感光元件

感光元件负责接收镜头获取的光学影像，通过转换固定并保存影像，以便观看和加工制作。在传统相机中，它是暗盒与隐藏其中的感光胶片，利用化学方式留下影像。在数码相机中，图像传感器(CCD 或 CMOS)和存储卡利用数字方式留下影像，两者相比，数字影像更为经济和便捷，因此数码相机中的感光元件迅速替代传统胶片成为市场中的第一主角。

(1)像素及像素的由来。在计算机上将数码相机拍摄的照片放大到极点，可以看到影像是由一个个小方块组成的，这些小方块就是像素，是组成数字影像的最小单位。若是在显微镜下高倍放大相机的 CCD 芯片，就能发现上面有许多感光点，这就是通常所说的像素点(见图 2.10)。照片上的像素来源于数码相机的像素点，或者说两者是相互对应的关系，即 1 个像素的相机获得 1 个像素的照片，1 000 万像素的相机获得 1 000 万像素的照片。

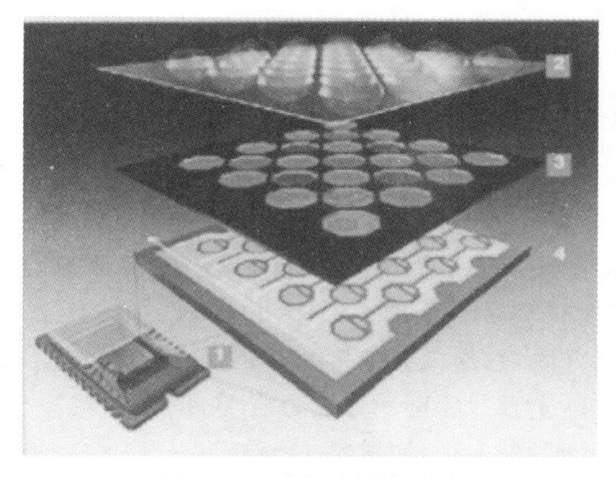

图 2.10　感光元件结构图

对于数码相机来说，像素的多少，是非常重要的数据指标，直接决定了数字影像的质量好坏(清晰度、层次过渡、细节信息等)。像素越多，则影像越细腻、清晰度越高。如有 500 万像素和1 000万像素两部相机(芯片规格型号相同),显然,后者要远远优于前者。通常用“万、百万”作为像素的计量单位,根据相机感光元件矩形尺寸,像素总量=影像长边像素量×影像短边像素量。

(2)感光元件的尺寸。

1)常见感光元件的规格。虽然数码相机有各种品牌和样式,但在像素相同的前提下,哪款相机的感光元件大,就意味着它可以比感光元件小的相机接受更多的信息和更丰富的细节。因此,感光元件的面积是越大越好,这个特点,正好与传统胶片相机的情况相同。

感光元件大小的单位是 in,常见的有 1/2.5 in,1/2 in,1/1.8 in,1/1.7 in 等,其分母越大就意味着芯片的面积越小。有时也会用长×宽的具体数据(如 22.7 mm×15.1 mm)来表示感光元件的实际大小。

数码相机的感光元件长宽比多为 3∶2,其尺寸标示方法有所不同,一般用感光元件尺寸类型标示。主要分为全画幅 Full Frame(接近或等于 135 画幅,如佳能 1Ds 系列、5D Mark Ⅱ的 36.0 mm×24.0 mm,尼康 D3、D700 的 36.0 mm×23.9 mm,尼康 D3x、索尼 α900 的 35.9 mm×24 mm,佳能 5D 的 35.8 mm×23.9 mm 等)、APS - H 尺寸(佳能 1D 系列的 28.1 mm×18.7 mm,镜头焦距转换系数为 1.3)、APS - C 尺寸(如 23.6 mm×15.8 mm,22.2 mm×14.8 mm,20.7 mm×13.8 mm 等,镜头焦距转换系数分别为 1.5、1.6 和 1.7)。奥林巴斯、松下数码单反相机所用的感光元件尺寸为 17.3 mm×13.0 mm,长宽比为 4∶3,镜头焦距转换系数为 2.0。从相机的结构上分类,有两种系统,分别称为 4/3 系统和微型 4/3 系统(见图2.11)。

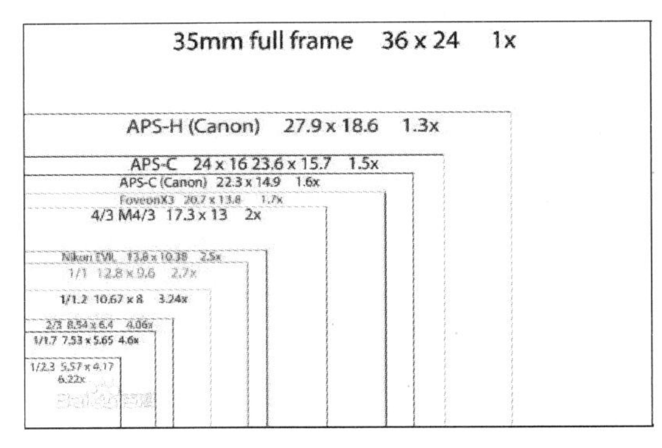

图 2.11 感光元件尺寸对比

2)分辨率与影像质量。分辨率是指影像载体对景物细微部的记录和表现能力,又称解像率、分析力。它是感光元件在 1 mm 范围内最多可分辨线条的能力,用“线对/毫米”来表示。凡是记录被摄景物细微部分线对/毫米数越多的,即为分辨率越高,反之分辨率越低。

数码相机的分辨率与感光元件的尺寸和像素有关,图像传感器尺寸大、像素高,影像的分辨率就高,反之则低。

(3)存储卡。数码相机拍摄的每一幅照片,都是以数字信息的形式存储在专门的介质上的,这就是数码存储卡。市场上的移动式存储卡主要有 CF 卡、XD 卡、SD 卡以及索尼记忆棒等。存储容量有 4~64 GB 不等,容量大,存储照片的数量就多。

当存储卡中文件数据存满时,应该及时将其传输到计算机或更大的存储硬盘中。为了将存储卡中的数据下载到计算机或打印机，可以直接用数据线通过数据接口将数码相机与计算机连接，也可以将存储卡插入读卡器，通过读卡器向计算机传输数据。在室外现场还可以用笔记本电脑或数码相机伴侣(活动硬盘)暂存影像文件数据。

2.1.2.3　取景

取景器是相机的窗口，通过它观察和挑选拍摄对象并对准聚焦，还能调整画面的构图，直到选中最佳构图才按下快门拍照。可见取景器的存在是多么重要，否则我们看不到想要拍摄的对象是什么，要拍摄的照片又将是什么样子的。

数码相机的取景系统，由取景器和显示屏组成，其主要功能为，一是实时直观显示被摄对象的影像，供构图安排选择和处理画面；二是聚焦准备拍照的对象，保证影像的清晰度；三是显示各种重要的拍摄信息，便于快速调整技术指标；四是回放已拍摄的图像，可局部放大观看检查有关细节的质量好坏。取景系统从构成原理上大致可分为三种方式，即光学平视取景、单镜头反光取景、LCD 取景。前两种是传统的光学方式，后一种是新型电子方式，也是使用最多、最有前途的取景方式。

1.光学平视取景

光学平视取景是最早出现的、简单和直接的取景系统，由机身上一个与镜头同方向的玻璃窗口和相应的系统所构成。人们通过这个光学玻璃窗观察取景、聚焦成像，然后实施拍照。

这种取景系统构造简单、轻巧而实用，观看方便清楚，具有“看上就拍”的快捷优点，曾广泛应用在各种类型的相机上，目前主要被低档相机所采用。但是其缺点也比较明显——有视差，由于取景器与镜头是分开的(取景器一般位于摄影镜头的上方)，所以拍摄的画面常常与取景器看到的画面不一致，总有一定的视差，也就是“所见非所拍”。拍摄远的景物视差较小，被摄对象越近视差越大，因此在取景时就得注意校正这个视差。

2.单镜头反光取景

单镜头反光取景是一种非常完美的光学取景系统，也是被绝大多数 135 型专业相机所采用的取景方式。这种取景系统中，通过摄影镜头、反光镜、五棱镜的巧妙设计和共同作用，使摄影人可以在取景窗口中直接观察到被摄影镜头捕捉到的影像，也就是“所见即所拍”(见图 2.12)。另外一大优点是镜头可以更换，具有一机多用的实用性。

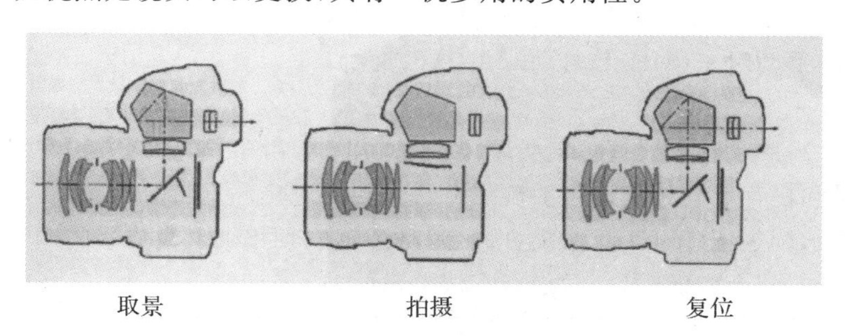

取景　　　　拍摄　　　　复位

图 2.12　单反取景示意图

单镜头反光取景装置通过反光镜的升降来应对取景与拍照两个任务，转换合理而方便，但因为其结构复杂而不够灵巧，工作时机身会震动，声音也较大，对抓拍不太有利。同时该取景装置也导致了成本的增加，因此这种相机的价格大多都比较高。

3.液晶显示屏(LCD)

实际上这是一种电子取景器，也就是说从中看到的影像不是像光学取景器中那样是真实光学影像，而是像电视画面一样的实时电子扫描影像——从CCD或CM0S直接提取影像，在屏幕上显示出来。换句话说，电子取景器类似于缩小的电视屏幕，现在又都用液晶材料所制作，因此通常称其为电子液晶显示屏(LCD)。

液晶显示屏(取景器)相对于传统光学取景系统，是一个更大的进步和飞跃，不光是具有观察取景这一重要功能，还增加了信息交流和及时反馈两大功能。通过电子显示屏，可以看到无视差的真实影像；可以检查各项工作数据并及时调整；可以回放刚拍摄的图像，有问题马上重拍。有些高档相机的液晶显示屏可旋转取景，从不同角度轻松地完成拍摄，比如举过头顶高角度拍摄和放在地上低角度拍摄，更加实用和方便。因此，在当今的大多数数码相机上，都装有电子显示屏，并已成为主要的取景方式。

2.1.2.4 图像格式

目前数码相机中通用的图像格式主要有JPEG，TIFF和RAW三种。

JPEG是Joint Photographic Expels Group(联合图像专家组)的缩写，文件的后缀为".jpg"或".jpeg"，它是一种最常用的有损图像压缩的格式，能够使图像压缩在很小的存储空间，图像中的数据会被压缩，图像数据有损失，质量也会明显下降。

TIFF是一种常见的图像处理格式，是一种非压缩式照片格式，存储的图像细微层次的信息非常多，图像没有损失而质量很高，通用性较好，但需要占用大量的存储空间。

RAW是既未处理也未经压缩的数码相机专用图像格式，是一种"无损失"的原始数据格式。RAW格式将没有经过饱和度、对比度和白平衡调节的原始文件直接存储，后期利用相关软件进行各种调节，制作出高质量图像。RAW与TIFF格式相比最大的优势就是在保持同等质量的前提下而文件尺寸相对较小，缺点是与大多数图像编辑软件不兼容，必须使用专门软件才能浏览、修改图像。

2.1.2.5 对焦

对焦也称为聚焦，实际上是解决拍摄对象成像清楚与否的工作，通过照相机对焦机构变动物距和相距的位置，使被拍物成像清晰的过程就是对焦。

对焦方式分手动对焦(MF)和自动对焦(AF)两种。

1.手动对焦

传统相机多采用手动方式调整镜头距离刻度，由于相机不同，常用方法有三种。①直观调焦，是反光取景和机背取景相机通用的调焦方法。转动对焦环，当被摄主体在磨砂玻璃上影像最清晰时，即表示调焦正确。②双像重合调焦，是旁轴取景相机上最典型的调焦法。当被摄主体出现彼此错开的两个影像时，表示焦点有误差，这时应旋转镜头对焦，当取景器内被摄主体两个影像彼此重叠时，表示调焦正确，此时可以拍摄。③裂像调焦，单反相机的调焦屏中心有两块半圆形的光楔。调焦不正确时，两块光楔各自成像并分裂错位，周围的景象模糊，此时应该进行调整。

2.自动对焦

自动调焦以侦测被摄对象的反差和模拟再现为工作原理。其中对物体表面明暗差异的侦测和接收是关键，可分为主动和被动两种工作类型。①主动式自动调焦，相机主动发射一束红外线侦测光，并接收物体表面受到光照后的明暗状态，计算拍摄目标的距离，驱使微型马达对准焦点直到显示屏上影像清晰，此类型多用于中低档数码相机。②被动式自动调焦，相机本身不主动发射侦测光，而直接采纳外界景物自身反射来的表面明暗状况，并根据相位差原理计算出拍摄目标的距离，再驱使微型马达对焦和调节取景屏上影像的清晰程度，这种类型多用在中高档相机上。

被动式对焦的优点：利用现场光调焦，工作范围广、拍摄距离远、耗电少。当现场光线暗弱时，如夜晚就很难正常工作。主动式对焦与之正好相反，可以主动发射红外光线来实现调焦工作，不受光线条件的限制，但拍摄目标距离太远时，相机也无法拍摄。目前大多数数码相机将两种对焦方式结合应用，正常光线下使用被动对焦，特殊光线下则启动主动对焦方式。自动对焦也有局限性，当拍摄目标本身缺乏明暗对比，反差微弱时，如云雾、暮色、单色平面等，便无法正常工作。这时，摄影者应关闭自动挡改为手动控制对焦。

另外，自动对焦区域和对焦模式，是在使用相机时要重点考虑的。自动对焦区域分为中心点对焦和多点对焦区域（线型多点、十字多点、矩形多点等），有些机型的多点对焦区域已达 10 点以上。对焦区域多的好处是，增加了上下左右方位的对焦区域，便于主体处于不同位置时的构图的对焦，弥补了中心点对焦的不足，利用多点对焦区域在拍摄动态物体时，覆盖面大，对焦速度更快。

自动对焦模式是根据被摄对象的运动状态来设计的，主要分单次自动调焦，主要用于静态摄影；连续自动调焦，适用于动态摄影；伺服调焦（预测自动调焦），用于跟踪运动目标时焦点同步。

3.防抖装置

防抖或叫防震，是拍照中经常要面对的问题。当使用较慢速度的快门时，就很容易出现照片模糊不清晰的现象，如有人在使用 1/60 s，快门速度时就会因为手的抖动而模糊，大多数人在使用低于 1/30 s 快门速度时都会出现影像模糊的问题。

现在不少数码相机设计安装了防抖装置，就是用来解决拍摄影像模糊的问题，帮助摄影者稳定相机、获取清晰的影像效果。防抖装置根据原理的不同可分为三种。

（1）镜头防抖。镜头防抖属于光学防抖技术，主要是当镜头陀螺仪侦测到微小的移动（抖动）时，将信号传至微电脑计算处理需要补偿的位移量，然后指挥补偿镜片组根据镜头抖动量加以补偿，从而有效地克服相机振动造成的影像模糊。

（2）机身防抖。机身防抖原理是将相机的感光元件 CCD 板固定在一个可以上下左右移动的支架上，工作时先由陀螺传感器检测相机是否抖动，然后经过微电脑处理，指挥移动 CCD 支架，利用 CCD 的移动量抵消抖动量，获得防抖减震的效果。

（3）电子防抖。电子防抖是一种“伪防抖”，因为它并没有实用装置来消除抖动的影响，而是通过提高感光度的方式间接提高快门速度到 1/30 s 以上，避免慢速度带来的影像模糊现象。但是高感光度的使用会令画面的影像出现强烈噪点，质量严重恶化，低档傻瓜机多采用这种防抖类型。

防抖在较慢快门速度下可以较好地改善手的抖动与震颤问题，可以获得比较清晰的照片。

2.1.2.6　电子闪光灯

电子闪光灯根据独立程度分为相机内置闪光灯和外置独立闪光灯。根据指数（功率）大小又可分为不同类型，如 20 GN 以下为小型，40 GN 以下为中型，超过 40 GN 的属于大型闪光灯。但不论是内置或独立,还是小型、中型与大型,其闪光原理和特性是一样的。常见的数码相机上,主要是小型闪光灯。

1.闪光原理与特性

电子闪光灯的灯管用高强度石英玻璃做成,灯管内充有惰性气体(常用氙气),在未触发闪光时这种惰性气体是不导电的;当闪光灯的“触发电路”触发闪光时,来自电容器的高压电荷先将闪光管内的惰性气体电离为导体,随即主电荷通过灯管两极产生放电现象,发出强烈的闪光。一只正常的电子闪光灯,反复闪光可达1万次以上。

闪光灯外形小巧,但发光强度极大。一只闪光指数为GN22(ISO100)的小型电子闪光灯,其亮度相当于1万瓦白炽灯所发出的光。闪光灯每次闪亮的持续时间极短,大约为几百分之一秒至几万分之一秒,这个特性常被摄影者用于“凝固”动体的拍摄需要。闪光灯光线色温约为5 500～6 000 K,与标准日光色温接近。闪光灯属于冷光型,不像聚光灯、碘钨灯、石英灯那样会发出灼热的光线,这对于拍摄那些怕热的被摄体更为合适。

简而言之,电子闪光灯发光有四大特性:发光强度大、持续时间短、日光色温及冷光性质。

2.闪光瞬间与闪光同步

闪光瞬间指闪光灯燃亮闪光时间的长短,其单位为秒,一般为1/10 000 s。闪光同步是指闪光灯正好在快门完全开启的瞬间闪亮,使整幅画面均感受到闪光。由于电子闪光灯的闪光持续时间极为短暂,如果不是在快门完全开启时触发闪光,则会使整幅画面感受的闪光量不足,或使部分画面感受到闪光,部分画面没有感受到闪光,甚至使整幅画面都没有感受到闪光,这些情况都称为“闪光不同步”。闪光同步速度与照相机类型和快门的拍摄速度直接相关。

当前数码相机的最高同步速度通常是1/250 s,有个别的可达到1/500 s,快于最高同步速度时闪光不同步,不能用于闪光摄影,慢于这一速度的均能实现同步闪光照明和拍摄。闪光同步速度高的优点主要是,在日光下用闪光灯补光时,对光圈和快门速度的选择余地较大,便于控制景深和持稳相机。需要指出的是,大多数低档数码相机只能实现本机内接闪光灯同步闪光,只有中高档数码相机才具有外接闪光同步的功能。

3.数码相机闪光灯的主要功能

智能程序与高度自动化的结合,为数码相机闪光灯提供了非常便捷和实用的功能。

(1)防红眼功能。暗弱光线下用闪光灯拍摄人物正视镜头的画面时,由于人眼视网膜后血管对闪光的反射,瞳孔呈红色,被称为“红眼现象”。为防止这一状况的出现,闪光灯会发出约1 s的光亮,使人眼的瞳孔缩小,然后再发出强烈闪光,消除红眼现象。

(2)变焦闪光功能。为了使闪光灯配合变焦镜头在不同焦距时闪光拍摄,又不致出现画面四角黑暗的现象,许多独立闪光灯的灯头可以伸缩,以改变闪光灯的闪光角度。自动变焦闪光灯,能根据所使用的镜头焦距自动地变换到相应的焦距处。常见的这类闪光灯能自动地与焦距在24～85 mm或24～105 mm范围内的变焦镜头匹配。

(3)前、后帘同步闪光。使用慢速度快门拍摄时,可以选择在快门开启前或开启后进行闪光触发。通常的闪光同步是在相机快门开启前闪亮,这时用慢速度快门拍摄动体,闪光照亮的主体实像在先,主体模糊的拖影在后。“后帘同步闪光”则是在快门开启后、曝光即将结束的瞬间闪亮,画面上先记录主体模糊虚像,然后再闪光记录主体实像。

2.1.3　摄影用光

无论拍摄什么对象，都需要光的照射，而且只有恰当运用光线，才能获得理想的画面。光是塑造物体形象的基本造型元素，光的变化规律和运用技巧，是每个摄影者都必须掌握的重要知识和技能。

2.1.3.1　光的基本知识

1.光、光波、光源

光是电磁辐射的一部分。电磁波谱范围很广。人眼只对波长在380～760 nm这一狭窄范围内的光敏感，这一范围内的波谱就是光谱。不同波长的光呈现出不同的颜色，如波长在380～430 nm之间的光为深紫色，波长在450～485 nm之间的光为蓝色，波长在485～495 nm之间的光为青色，随着光波由短到长的变化，光色也发生相应的色彩变化。不同波长的光均匀混合后，就形成人们常见的白光（日光）。

生活中能发光的物体叫光源。根据自然属性，光源可分为自然光源和人工光源。自然光源如太阳光、星光、闪电、萤火虫光等；人工光源如电光源、火焰光等，例如白炽灯、卤钨灯、电子闪光灯、荧光灯等。根据发光时间的长短，光源可分为连续光、瞬间光与脉冲光。日光、白炽灯、荧光灯等绝大多数电光源都是连续光源，瞬间光源主要是电子闪光灯，脉冲光源主要是频闪灯。

2.光的性质与造型

在摄影中，光是最主要的造型手段，通过对光的选择、调度、控制，可以逼真地再现被摄物体的形状、质感、色彩和空间立体感；通过特定光线的运用，可以有选择地突出被摄物体的某些方面，而同时掩饰某些表面细节，引导观众更好地理解作品内容。

光的表现形式是多种多样的，有强、弱、硬、软之分，也有正、侧、逆的变化，还有高、低、平的区别，以及冷暖的不同等，这些不同的形态中间，隐含着光的基本特性。

（1）光的强弱。光的强弱取决于照明强度。像晴天正午，阳光非常强烈，阴雨天则光线昏暗，没有月亮的晚上可以说没有光。强光造型能力强，被摄体显得明亮且反差较大、色彩鲜艳。弱光下被摄体明暗反差小，色调柔润但质感细腻。照明强度不同还会给人以不同的心理感受。明亮的光线给人一种明亮和振奋的感觉，暗淡的光线常常表现忧郁、宁静和神秘的情绪。

（2）光的硬软性质。光线性质的软、硬程度与光源的聚散、强弱和光源的投射距离相关。直射光（如阳光、聚光灯）是硬光，照射景物时，光照充足，方向性强，能在光滑表面产生反光与耀斑，形成轮廓清晰的阴影和高反差的影调，造型能力强，人物脸上明暗分明。软光则相反。

（3）光的方向。直射光具有明显的方向性，随着光源水平位置的移动，被摄体便得到顺光、侧光、逆光的不同照明效果。

1）顺光。从相机方向照射到被摄体上的光线称为顺光（正面光）。被摄体朝向镜头的一面受到均匀的光照，投影在它的背后，画面很少或几乎没有阴影，明暗差别弱小。顺光使画面充满均匀的光亮。顺光能很好地再现物体的色彩，适宜拍摄明快、清雅的画面；但画面影调平淡、被摄体的立体感和空间感不强，如图2.13所示。

2）前侧光。前侧光是指与拍摄轴线成45°左右位置照射的光线。前侧光照明下，被摄体有明显受光面、背光面和投影，对被摄体的立体感、轮廓形态和质感细节的表现都比较好。前侧光是一种主要的造型光，广泛地应用在各种题材的拍摄中，如图2.14所示。

图 2.13　顺光表现效果

图 2.14　前侧光表现效果

3)正侧光。正侧光是指与拍摄轴线成 90°左右位置照射的光线,拍摄对象一半亮一半暗,明暗对比强烈。正侧光照明下,使拍摄对象表面的高低起伏显得很明显,立体感很强,但正侧光造成的左右亮暗区别,往往带来高反差和浓重阴影,易产生粗糙和生硬感等弊端,如图 2.15 所示。

图 2.15　正侧光表现效果

4)侧逆光。侧逆光是指从相机前方、拍摄对象背后一侧照射的光线。拍摄对象正面大部分都处于阴影中，色彩和层次细节都不好；局部轮廓光照明显，是拍摄剪影、半剪影作品的理想光线，对表现景物轮廓特征、区别物体与背景比较有利，画面的空间感很强，如图 2.16 所示。

图 2.16　侧逆光表现效果

5)逆光。逆光是指从相机正前方、被摄体正后方照射的光线。逆光照明下，被摄体只有边缘部分被照亮，形成轮廓光或剪影效果，这对表现景物的轮廓特征及把物体与物体、物体与背景区别开来都极为有效，如图 2.17 所示。逆光拍摄时，如果背景比较暗，被摄体周围能形成“光环”，使被摄体从背景中分离出来，显得醒目突出。一些半透明物体，如丝绸、植物的叶子、花瓣等在逆光照射下会产生很好的质感。

图 2.17　逆光表现效果

(4)光的高度。光的高度是指光源距离地面垂直高度的变化，从底光、高光到顶光，都会直接影响影像造型的效果。

1)底光。底光是指从被摄体底部垂直向上投射的光，舞台上较多见。这种光大都用在静物广告摄影中，作无投影照明或表现底面背景光感的造型光，特殊而有趣。

2）低位光。低位光又称为“脚光”，在视平线以下约40°。向上照射，就像早晚的阳光。在风光摄影中，低位光适合表现清晨和傍晚的美丽景象。在广告和人像摄影中也比较常见。但低位光拍摄人像会产生反常的效果，若巧妙应用也可获得精彩的画面。

3）中位光。中位光又称水平光，光源从被摄体中部高度的位置水平投射光线，照明均匀而充足，色彩再现好，中位顺光在人像摄影中常作为辅助光使用。

4）高位光。高于视平线45°左右照明的光线。在被摄体斜上方投射，光量大而强，被摄体轮廓分明且有纵深明暗变化。高位光与上午、下午阳光照射角度相似，符合人们日常视觉感受，是摄影中最常见、最主要的照明光位。

5）顶光。顶光是指从被摄体顶部上方向下投射的光。因此被摄体的顶部很亮，垂直面凹进部位较暗，物体的投影短小或几乎消失。摄影中大多将顶光作为辅助光描画轮廓边缘，在风光、建筑等题材中有时用顶光作为拍摄主光。

2.1.3.2 自然光照明

自然光主要由太阳光和天空光所构成，从照明角度看自然光，可分为无云的直射阳光和多云的散射光，但无论怎样太阳都是主要光源，具有亮度高，照明均匀广大，照射时间长等特点。夜间的天空光，实际上也是由太阳光折射和反射、漫射而来的。

1. 直射阳光的特点

没有被云雾遮挡的太阳光是典型的直射光，亮度高，光质硬，能使被摄体形成明显的受光面、背光面和投影。

典型的阳光天气，根据其光线变化，可分为日出和日落、上午和下午时刻、中午时刻。

日出和日落时间段光照偏红，有冷暖对比。而上午和下午这段时间的光线在摄影中运用最为广泛，拍摄人物、建筑和风光都很适宜。此时拍摄，画面清晰明朗、反差适中、层次丰富、色彩真实、立体感和空间感都能得到较好的表现。中午时刻，此时光线强且垂直照射下来，物体顶部很亮，其它部位较暗，明暗反差大，投影很短。顶光人像会形成骷髅状效果，一般不适宜拍摄，但运用得当又可成为一种特色，拍摄富有表现力的画面。

2. 散射光的形态和特点

散射光的照明特点：照射面积大但亮度弱，光线均匀而没有明显的方向性，物体明暗反差小，质感和色彩感都不明显。拍摄的画面，影像的色彩、立体感、清晰度都比较差，调子平淡柔和。

散射光依天气状况和具体环境的不同，其亮度、反差、色温也不同，主要有清晨、黄昏、多云天气、阴天、晴天阴影处等类型，它们虽然大体上相似，但在散射原因和形态上各有不同。

（1）清晨和黄昏。日出之前与日落之后，主要是天空的散射光照明。这种光线朦胧柔和，色温变化快，拍摄出来的彩色照片有的偏冷调而清新淡雅，有的偏暖调而色彩厚重饱和。这段光线时间比较短暂，应抓住机会拍摄。

（2）薄云天。过薄云层柔化后，阳光由硬光变成软光，但也还有一定的方向性和较大亮度，有利于表现拍摄对象的立体感、质感和层次。云天的色温基本保持日光色温，拍摄彩色照片不会产生偏色，是拍摄人像、服装、花草、翻拍字画的理想光线。

（3）阴雨天。阳光透过厚厚的云层投射到地面，光照度降低，拍摄对象显得平淡，缺乏阴影和反差。拍摄照片晦暗不明朗，色彩偏蓝紫色，如果追求柔和、忧郁的气氛，就可用阴天漫射光线。雨天的光照更弱，画面的色彩偏蓝色更多，尤其是能见度很低，因此不适宜拍摄场面较大的景物。

(4)晴天阴影。如建筑物的阴影下、树荫下、帐篷和阳伞下，拍摄对象主要由天空光和环境反射光照明，有一定的方向性。光线效果和画面色彩，大体上介于阴天和云天之间，经常出现斑驳的光影。

3. 夜景光线

夜间是人们生活休闲中的重要时刻，但对摄影者来说是一个考验本领的特殊时段。先要认清夜景光线特点，夜景光线主要是现场人工光和天光。如城市街景、建筑、橱窗广告，还有山川河流、乡村农舍等，都需借助于灯光、火光和天空光的照明，被我们感觉和辨认。在元旦、春节等重大节日，还会燃放烟花和节日灯饰，构成特有的夜间景观。总的看夜间光线具有两大特点，一是光源小而多，明暗悬殊，亮度随距离远近急剧衰减；二是灯光多类型带来的景物色彩多样，红橙色和蓝紫色相互交织。

因此，夜间摄影一是要注意现场固有光的利用和平衡，不要动不动就用闪光灯，破坏现场固有光效，即使启用闪光灯也要考虑和现场环境光的平衡关系；二是照片色彩表现要根据人和景物的区别来控制。拍摄景物时将相机的白平衡设置为 5 500 K 日光模式，这样灯光下物体偏橙红色调，月光下物体偏蓝色调，画面气氛反而真实。对拍摄人像时根据光源设置白平衡模式，这样人脸肤色就会显露正常色彩，而不会偏红或偏蓝。

由于自然光变化多端且不能随意使用(如日出日落的稍纵即逝)，给我们的拍摄带来了很大的不便。因此，摄影人又发明了用人工光源替代自然光源，既可控制光线的性质及其变化，又能稳定而持久地工作，获得完美的照明效果。

2.1.3.3　人工光照明

1.人工光灯具与使用

人工照明灯具根据灯具的大小便携程度，可分为大型照明灯具和轻便型照明灯具。大型灯具主要用于室内的专业摄影和影视摄影，小型灯具则适用于各种场合。根据光源发出的光线性质，可分为聚光灯具和散光灯具。聚光灯发出的光线属于硬光，散光灯发出的光线属于软光，在造型表现上具有不同的效果。根据照明光线的连续与否，可分为以闪光灯为代表的瞬间光灯具和以石英卤钨灯为代表的连续光灯具。在室内专业摄影中，最常见的是将人工照明灯具分为闪光灯具和连续光灯具，如图 2.18 所示。

(1)闪光灯具。闪光灯具有小型与大型之分，影室用的大型闪光灯闪光能量比小型闪光灯大很多，一般都在 200～1 500 J，色温为日光标准 5 600 K，具有高能量、小体积、多功能和自动化的特点，在商业人像和广告摄影中是无可替代的照明主角。

影室闪光灯主要由灯头、闪光灯管、造型灯、电容、控制系统和电源等部件构成。目前许多大型闪光灯由微型计算机进行程序控制，功能十分强大，而且还可以控制几个灯头同时工作，形成具有组合功能的多头灯具。

1)灯头。用来插接闪光管和造型灯的基座。灯座多用耐高温的陶瓷制成，高功率闪光灯头有时要插接 2～4 个闪光管。有些闪光灯为了保护闪光管和造型灯，还在灯座上装有保护罩。各类灯头均有通风降温系统。

2)闪光灯管。基本都是用石英玻璃制成的，多为环状或 U 形，两端为电极插脚。其闪光能量低的在 300 J 左右，中等的在 1 000 J 以上，高的可达 6 000 J 以上。闪光持续时间范围多在1/200 s至1/2 000 s之间。

图 2.18　影室闪光灯各部件

3)造型灯。专用白炽强光灯或卤素灯,布光时观察造型效果,功率一般 150 W 以上。大多数影室闪光灯在闪光瞬间,造型灯会自动熄灭,但也有的闪光灯闪光时,造型灯并不停止工作。

4)控制系统。①输出选择开关,一般在 2～4 级光圈范围内调节闪光灯输出功率。其调节梯级有全光、1/2 光、1/4 光等。②闪光同步连接装置,灯头上的闪光连线插孔,以便闪光同步操作。闪光灯也可使用闪光触发、遥控引闪,这样摄影师工作更为便利。③充电显示,有光信号或声信号显示闪光灯充电,充电完成后可以工作。

(2)连续光灯具。其实,连续光灯具是我们最先接触也比较熟悉的人工光源。从白炽灯到日光灯,现在的人们从儿时就知道它们的作用和开关控制。因此,这类灯具是最早应用到摄影室内的人工照明光源,至今依然是影视摄影照明的主要光源,如图 2.19 所示。

1)白炽灯。白炽灯是影室摄影中最早使用的人造光源,属于热辐射发光,色温为 2 800～3 200 K,可以根据拍摄要求调整明暗变化,拍出理想的画面。白炽灯是早期黑白摄影时代的主要照明光源,但光效低、耗能大、灯泡寿命短、色温低。

2)石英灯。石英灯是在白炽灯的基础上发展起来的热辐射光源,使用耐高温的石英玻璃制作,色温为 3 200～3 400 K,比白炽灯高效节能,寿命长,是连续光源中较好的一种。

3)冷光灯。冷光灯的色温与日光相同,色彩再现良好,同等功率下亮度是白炽灯的 10 倍、石英灯的 3 倍,能够发出均匀柔和的漫射光,而产生的热量却很小,灯具寿命长,常见的冷光灯是荧光型柔光灯，由多只 36 W 或 55 W 灯管排列组合构成。

图 2.19　连续光灯与投影组件

4）聚光灯。聚光灯灯具为开合式，功能调控转换十分方便，聚射发光且光束大小可调，光质硬朗。装配不同的灯泡便具有不同的光色，如装配 800 W 石英灯泡做石英灯使用时，色温为 3 200 K，装配 575～1 000 W 冷光源专用灯泡即为冷光灯，色温为 5 600 K。

（3）闪光灯附件。大型灯具可以利用各种附件组合成不同光效的灯具，影室灯具主要附件有反光罩、反光伞、柔光罩、锥形聚光罩、蜂巢导光罩、扩散滤光片、活动遮光挡板等，可获得不同的照明效果。

1）泛光灯罩。在电子闪光灯头上装不同角度、不同内壁的反光罩，组成各种泛光灯。泛光灯发光强度大、光质硬、方向性明显、投影浓重，适合拍摄要求清晰度高、投影明显和高反差的影像。

2）反光伞。闪光灯插上不同质地的反光伞就变成了伞灯。伞灯可分为反射式和透射式两种。反射式的凹面对着被摄体，光质软且反差小；透视式的凸面对着被摄体，光质硬且反差高。

3）柔光罩（箱）。闪光灯头上加上柔光罩，则成为柔光灯。柔光罩形状有正方、长方、六角形，大小为 40 cm～2 m。柔光罩所提供的光属软光，光照充足而均匀，色彩表现好，柔光罩通常多用于人像摄影和广告摄影。

4）聚光灯罩。提供直射、强烈、平行的集束光照明，闪光灯和石英灯两大类型中均有。专用闪光聚光灯为特殊灯体，一般是在光源后面装有镜面球形反光器和前部的聚光透镜，使光线聚焦发射出平行的光束。调整光源位置，可以使照明光束产生集散不同的变化。

5）蜂巢导光罩。蜂巢导光罩装在灯头上后可以遮挡光线，只输出向正前方的直射光。蜂巢导光罩的网眼格栅有粗、细之分。网眼细，聚光较强；网眼粗，聚光较弱。灯具上加上蜂巢后，都会将光质变硬，并提高反差。

6）活页挡光板。活页挡光板装在灯头上，主要是将光限制在需要的照明部位。挡光板上可置放各种滤色片，产生不同的色光。

7）支架与轨道。影室大型闪光灯均有配套的灯架，以支撑和稳定灯具，保证布光移动的安全方便。支架有三脚型、立柱型和移动轨道三种类型，后两种属大型支架。

2.人工布光造型基础

不管是用闪光灯还是连续光灯，也不管是一盏灯还是10盏灯，都要对灯光进行安排布置。那么，按照什么原则要求布光？最基础的用光造型法则是什么？这些都是摄影师应该学习和研究的。根据100多年来许多摄影师的探索和总结，最基础的室内人工灯光运用方法是按照光线的造型效果，将光线划分为主光、辅光、轮廓光、背景光、修饰光五种光型，各司其职又合作统一。

(1)五种光型。

1)主光。主光是表现主体造型的光线，用来照亮被摄体最有特点的部位，塑造被摄体的基本形态和外形结构，吸引观众的注意力。其它光的配置都是在主光的基础上进行的，主光不一定是最强的光，但起着主导作用，突出了物体的主要特征。

主光灯的左右位置及其高低远近，会使拍摄对象的形态各不相同。从顺光位到侧光位或侧逆光位均可用作主光，拍摄中根据拍摄对象的轮廓、质感、立体感和画面明暗影调的表现需要来决定。通常主光置于前侧光的位置上。

2)辅光。辅光又称副光，用来补助主光照明的不足，提高暗部的亮度和减弱拍摄对象的明暗反差，产生细腻丰富的中间层次和质感，起辅助造型的作用。辅光的强弱变化可以改变影像的反差，形成不同的气氛。一般主光和辅光的亮度差(光比)在3∶1到4∶1之间。

辅光灯一般放在照相机旁，亮度应低于主光，从正面辅助照明拍摄对象。如果它超过主光的亮度或与主光亮度相等，就会破坏画面主光的造型效果，导致拍摄对象表面出现双影或缺乏立体感。

3)轮廓光。轮廓光一般采用硬朗的直射光，从侧逆光或逆光方向照射拍摄对象，形成明亮的边缘和轮廓形状，将物体与物体之间、物体与背景之间分开，并增强画面的空间深度。轮廓光通常是画面中最亮的光，要防止它射到镜头上出现眩光，使画面质量下降。

4)背景光。背景光是照亮拍摄对象背景的光线，它可以消除拍摄对象在背景上的投影，使主体与背景分开，描绘出环境气氛和背景深度。背景光的亮度决定了画面的基调，暗背景使画面产生肃穆、沉静、阴郁的气氛；亮背景使画面产生平和、轻松、明朗的气氛。

5)装饰光。装饰光也称修饰光。用来弥补有关照明缺陷，突出拍摄对象细部造型和质感，如眼神光、发光和局部死角照明光等，以达到造型上的完美。使用修饰光应精确恰当、合情合理，与整体环境协调吻合。

上面介绍的五种造型光，在安排布置时大致过程如下：主光→辅光→轮廓光→背景光→装饰光。

(2)光比。在照明布光中，经常需要考虑两种光之间的亮度差，这就是光比的概念。光比指拍摄对象主要地方亮部和暗部的受光量差别，明暗之间的正常光比一般为3∶1左右。

光比影响着画面的明暗反差、细部层次和色彩再现。光比小，拍摄对象亮部与暗部的反差较小，容易表现出物体的丰富层次和色彩；但若光比太小，影调又过于平淡，立体感也较差。光比太大，物体亮部和暗部的反差大，显得影调生硬，而且亮部和暗部的色彩难以兼顾，细部层次也有损失。

(3)人工灯光常用布光方法。掌握了最基础的造型用光效果和五种光型布置，摄影者可以根据被摄对象和自己的需要自由地安排，也就产生了多种多样的影室内人工灯光布光方法。主要的布光方法如下：

1)基本布光法。基本布光法是最基本最常用的传统布光方法,适用于各种题材,拍摄各种人像(正面像或侧面像)都比较简易适用。主光从照相机一侧稍高的位置与拍摄轴线大约成45°左右照射拍摄对象,物体大部分被照亮,有少量阴影区。辅光从照相机位置投向拍摄对象,用来减弱拍摄对象阴影。主光与辅光的光比一般控制在 3∶1 左右,背景的亮度处于主光与辅光之间。在这种布光下,拍摄对象影调明快,反差适中,具有较好的质感、层次和立体感。

2)亮调布光法。亮调布光法是在基本布光法基础上,将背景改为浅色或白色,并注意用光照亮边缘影调较深的部位,以把阴影和投影减少到很少程度,同时控制曝光过度两级半左右,就能获得一幅影调浅淡而明快的照片。

3)暗调布光法。暗调布光法是用一盏主灯布置在侧逆光或侧光方位,勾画照亮拍摄对象主要轮廓,使拍摄对象正面大部分处于阴影区。同时用辅光对拍摄对象正面进行照明,以表现出一定的层次细节,主辅光比控制在 1∶4～1∶9 之间。背景要选择深暗色调并不用背景光照明。

2.1.4　构图原理与技巧

一幅照片摆在人们的面前,自然会引起好与坏的评价,是漂亮、精彩,还是混乱、低下。这些不光取决于拍摄对象自身的形态,也离不开摄影者的构图意图。

2.1.4.1　构图

构图是创作者为了表现某一主题思想和美感,在一个画面中对拍摄对象进行结构布局和造型处理,使分散的、杂乱的、局部的元素组成统一的、艺术的、精彩的整体。概括地说,构图的主要任务是,采用一定的形式构图安排,准确、鲜明、生动地表现被摄景物,并在其中展现某种艺术追求。

学习构图规律和法则是拍摄完美画面的前提和保证,我们不可能只用简单的几招构图技法完全地对付复杂多变的世界。古人说得好,法无定法,就是说要针对现场情况的变化灵活运用不同的技巧方法,并善于发挥,才能常拍常新。常用有以下几种构图形式。

(1)变化式构图,把景物故意安排在某一角或某一边,能给人以思考和想象,并留下进一步判断的余地,富有韵味和情趣,常用于山水小景、体育运动、艺术摄影、幽默照片等,如图 2.20 所示。

图 2.20　变化式构图

(2)对角线构图,给人以满足的感觉,画面结果完美无缺,安排巧妙,对应而平衡,常用于月夜、水面、夜景、新闻等题材,如图 2.21 所示。

(3)水平线构图,具有平静、安宁、舒适、稳定等特点,常用于一平如镜的湖面、微波荡漾的水面、一望无际的平川、广阔平坦的原野或大草原等,如图 2.22 所示。

图 2.21　对角线构图

图 2.22　水平线构图

(4)对称式构图,具有平衡、稳定、相对应的特点,常用于表现对称的物体、建筑、特殊风格的物体等。这类构图的缺点是缺少变化,比较呆板,如图 2.23 所示。

(5)S 形构图,画面上的景物呈 S 形曲线的构图形式,具有延长、变化的特点,使人看上去有韵律感,产生优美、雅致、协调的感觉,常用于河流、溪水、曲径、小路等,如图 2.24 所示。

图 2.23　对称式构图

图 2.24　S 形构图

2.1.4.2　摄影构图的特点

摄影者拍摄的每一个画面,都会有关于画面如何安排的思考,选择对象、取舍景物,到布置画面,表现主题,可以说不经过思考就拍摄的照片几乎是不存在的。这就像写文章和说话一样,光有素材不等于就一定能写出精彩的文章,还必须有合适的行文结构,将字、词、句等语言要素组织为一个整体。好的照片就像精彩的文章,主题突出,结构清晰,内容生动,具有强烈的感染力;不好的照片就像失败的文章,主题不明,废话啰嗦,词不达意,让人莫名其妙。

摄影的成长吸收了绘画的营养,在构图上两者也有很多相似的地方,如都在一个画框平面里安排、平面构成等传统造型法则。但因为摄影自身的器材和技法,又形成一些特有的表现方法和构图原则。

1.取景和构图现场一次完成

摄影是现场取景,必须在景物客观存在的基础上进行"再创作",这是摄影纪实本性所决定的。因此摄影处理构图的思维方式和画家不同,摄影不能随心所欲,而主要靠现场发现、提炼和取舍,不能像绘画一样先设计安排草图,再对号入座。这也使得摄影受到了较多的限制,如现场光线对物体的作用,常常是摄影成功与否的重要因素和前提。

2.器材对影像作用非常明显

高科技的镜头、相机与绘画的简单工具不同,对画面中的各种影像都会带来直接的影响,如广角镜头的夸张变形和大景深效果,还有快门速度不同造成的虚实现象等。这些在构图上的作用非常明显，使我们对突出主体和减弱陪体及丰富主陪体之间的关系，有了全新的思考和安排，以便更加强调人物特征，使得主题思想更鲜明。

有一点需要说明，当前后期合成的影像越来越多，而这些合成的影像已经超过了摄影的范畴，属于多媒体平面设计图像类型。也就是说那些摄影照片只是多媒体图像的“素材"，各种素材图形拼接组合成全新的图像，虽然也很“逼真”，但它们都不是在现场拍摄的客观真实影像，因此其构图是按照绘画设计的法则来处理的。

一句话，摄影构图就是用摄影的工具（器材、技法）在一定画幅内，对现场的拍摄对象进行取合、提炼、加工，按照有关造型法则和规律进行布局安排，表达摄影者的发现和追求。

2.1.4.3　画面的构图要素

每一幅摄影画面都是由具体的造型元素来体现的。不论是画面的长宽比例和大小尺寸，还是画面中各个人或物，或者说组成人物的线条、色彩和明暗，从外观形态到内部构成，都是由具体的元素来体现的，并从小到大地聚合为一个整体，说明一个事物或属性。观众也正是通过这些十分具体的元素先认识小的局部，进而逐渐深入和全面地理解照片的整体含义的。

因此，从构图中主要的、具体的构成要素入手，是学习和研究构图知识时一个非常明确和高效的方式和途径。

1.景别

景别就是指被摄景物在画面中的大小比例，也就是拍摄范围的大小。一般分为远景、全景、中景、近景和特写五个景别。

(1)远景。远景，即远距离拍摄对象，其画面视野广阔，包括的景物范围大，主要用来表现景物的整体气势和总体氛围。如山川河流、原野草原等自然景物或场面，如图 2.25 所示。

图 2.25　远景

(2)全景。以表现拍摄对象的全貌和大环境面貌为目的，可以是高山，也可以是建筑、人物或植物，无论拍摄什么景物，只要是表现拍摄对象的整体感和它全身的行为动作及其与环境的关系都可以称为全景，如图 2.26 所示。

(3)中景。中景指只包含拍摄对象或某一局部范围，如人的半身像。中景善于表现人物之间的交流，事件的矛盾冲突，大多用于表现情节和动作，对于环境的表现相对弱化，如图 2.27 所示。

(4)近景。通常情况下近景的范围很小，主要表现人物或物体的局部，如人的胸像。它能突出表现人物表情，并将有关细节和质感特征交代清楚，但环境表现所占的分量却很弱，如图 2.28 所示。

图 2.26　全景

图 2.27　中景

图 2.28　近景

(5)特写。特写的拍摄范围比近景更小,通常只有拍摄对象的很小部分,如人的脸、眼睛或手。特写中景物比较单一,但表现力很强,可用来表现拍摄对象的重点细节,如图 2.29 所示。

景别主要由镜头焦距和拍摄距离所决定。镜头相同的条件下,景别大小由拍摄距离的远近来定;距离相同的条件下,景别大小由镜头焦距的长短来定。当然也可以将两种手段结合起来用。

景别的选择取决于摄影者的拍摄意图,若想反映大气势或大场面的画面,可选择远景和全景。全景、远景的长处是,能完整地表现对象,从宏观表达空间环境。

图 2.29　特写

若是想进一步表现某个主体,可采用中景。拍摄人物中景常常把取景的范围限定在腰、膝以上的部位;在风景照中对景别的判断比较复杂,若以城市大厦为主体,那么拍摄四、五层楼也只可算为大厦的中景,而若以人为主体,那四、五层楼的范围或许比表现人的全景范围还要大。

当需要突出表现景物的局部细节或生动情节时,可以拍摄近景或特写的画面。近景画面范围相对小,但能放大形象,因此要对进入画面的各种影像进行仔细推敲,精益求精。

2.方向和高度

任何一个物体都是立体的,有高度、宽度和深度,不同的面向具有不同的造型特点。

(1)正面拍摄。正面拍摄是指相机正对并拍摄景物正面。正面拍摄的优点是构图结构和谐对称,不足是拍摄画面容易呆板。

(2)侧面拍摄。侧面拍摄是指相机侧对并拍摄景物侧面。侧面形态具有轮廓分明、空间感明显和外形变化多样的特点,采用这种角度拍摄常常可以获得富有形态特征魅力的画面,许多摄影师常以此来捕捉少女的曲线美、体操运动员的形体动作。

(3)背面拍摄。背面拍摄是指相机从景物背面拍摄。背面拍摄有时候会有令人意想不到的效果。比如表达神秘,深沉等。

(4)高角度拍摄。高角度拍摄就是从高处向低处俯拍,拍摄点高于拍摄对象。可以更好地表现景物的空间环境,用周围环境做铺陈,交代环境气氛,还能很好地增加前后景物之间的纵深感,并巧妙地躲开前景中的障碍物。俯拍角度越高,地平线就越接近画面上方,直至消失。

(5)平角度拍摄。平角度拍摄就是从正常高度平拍,即拍摄点与被摄对象在同一水平线上。这是最常用的拍摄高度,它与人眼视觉感相同,给人一种亲切、自然的感受,因此平角度拍摄对景物的正常表现非常有利,如人像证件照就是如此。由于被摄对象中的前后景物都处于同一水平线,对空间纵深感的表现是不利的。所以,需要注意的是,拍照时相机与被摄主体之间应避免被干扰物遮挡。

(6)低角度拍摄。低角度拍摄就是从低处向高处仰拍，即拍摄点低于被摄对象。若拍摄高大的建筑或人物，向上仰拍带来的透视变形会产生夸张的视觉现象，增添画面的张力，也有利于突出人物的性格，带来一种崇高、敬畏的视觉效果。与俯拍相反的是，地平线会随着仰拍角度的增大而更加接近画面下方直至消失，而且天空被作为干净的背景。

3.画面主次分配

(1)主体。主体是摄影画面中的主角，用来表达主题思想和揭示事物本质的形象。绝大多数情况下，主体既是表达内容的中心，又是摄影构图的结构中心、视觉中心和趣味中心，可以由它来决定摄影画面的长宽比例和空间的分配，决定摄影画面的色彩、影调、虚实等处理。

拍一张照片，画幅选择横画面好还是竖画面好，常常是初学者犯难的事儿，其实这就与我们对主体的选择安排直接相关。

一般来说，应根据主体的形态主线来选择画幅的横竖，如竖立高耸的主体对象适合选用竖画幅来表现，而横向宽广的主体对象则应该选用横画幅。另外可根据主体的运动趋势选择画幅的横竖，如上升下降的对象用竖画幅可以将主体和空间环境交代清楚，若是主体横向运动时则可多用横画幅。

(2)陪体。陪体是摄影画面中的配角，主要对主体起烘托、陪衬、美化和补充的作用，使主体的表现更为充分，它也是画面构成中不可缺少的组成部分。实际上，陪体范围很广，可大可小，除了主体以外的一切有价值的对象都可以叫陪体，也包括周围环境(前景和背景)，但通常将环境另外作为一个部分进行讨论。

陪体常常并不直接地揭示主题，而通过交代事物、事件存在和发生的时间、空间来衬托主体形象，使主体形象成为摄影画面中绝对的主人。陪体还可以营造画面氛围和意境，摄影师常常依靠对陪体的加工处理，来增强画面的形式美。

(3)主体与陪体的处理。主体在构图中统帅全局，与陪体和环境组合共同完成画面。具体在画面中，主体的美化突出与陪体的呼应协调，是通过这样或那样的形式和方法来实现的，但是归纳起来看，可以分为直接突出和对比衬托两种方法。

1)直接突出主体。这种做法就是给予被摄主体最突出的地位，如最大的面积、最佳的位置、最好的形状，使主体的形态和质感都得到最完美的表现，因而在画面中具有最强的视觉冲击力，能够得到观众的最大关注。

2)中心和大面积主体。由于视觉会聚的效应，凡是最中心的物体往往都是最引人注目的。在画面中心点安排主体，这时候内容上的趣味中心与构成上的结构中心合二为一，主体自然成为观看者的视觉中心，同时有超强的稳定性。

3)动静对比。在同一个画面内，具备动态、动势的景物和稳定、平静的景物相处在一起，就必然产生动与静的对比。抓住了物体之间运动与静止的差异，就能更好地强调画面中的运动感，使主体在动或静的衬托下更加突出。

4)影调对比。无论是彩色照片，还是黑白照片，它们的图像都是由不同明暗层次的影调组成的，明与暗之间可以形成影调的对比关系，对于突出主体对象具有明显的作用。如一片白色中的一点黑色就很突出，反之亦然。

4.环境

环境是指在画面中主体周围的各种景和物(包括人物)。它们既是表达作品内容的重要组成部分，又起着衬托主体的作用。一是说明主体所处的环境空间，二是抒情创意，加强作品的艺术感染力。

根据空间距离可将景物环境分成前、中、后三个层次,反映到摄影画面内即为前景、主体和后景三个不同的空间要素。

(1)前景。前景是指处于画面主体与摄影者之间的一切景物,它处在画面影像最前方的位置。

前景可以增加画面的装饰美感和纵深感。主动选取有形式美结构的景物担任前景,既可以美化点缀画面,还能增强环境空间感。具有揭示作品主题和交代时间、地域特征的作用

(2)后景(背景)。后景是指处于主体位置后面的景物。用以说明主体周围的环境,营造画面纵深层次和情绪氛围。

好的背景应有内涵,可以加深开掘主题。运用摄影技巧来处理画面的空间透视、光影结构、地平线位置和总体布局等,以一定的形式感来烘托主体和营造意境。拍摄的画面显得敞亮而美丽,同时充满豪迈意境。

2.1.4.4　摄影构图的整体安排

在构图处理中,不仅要从真体的造型效果入手,研究可以调整和控制的构成元素;还要站在宏观、全局的高度分析,以便更好地抓住摄影的主要问题,建立富有特色的画面风格。

1.构图的总体要求

(1)多样统一。摄影人常有两难的选择——想让景物在画面里成为有机统一的整体,但景物有序排列后往往又会死板和僵化。这就涉及多样统一的原则,即在保证构成元素集中统一的前提下实现画面的丰富多样。

多样是指有变化,复杂而丰富;统一是指有单一性,协调集中。多样统一就是说,在复杂的局面中要形成集中统一的协调,在单一的情况下要创造丰富多样的变化。多样统一可以说是贯穿在摄影师的每次拍照、每幅照片中,包含了构图中实在的和虚无的因素,直接的和间接的对象,也潜藏于许多构图技法的运用之中。如对比的应用,大与小、明与暗、直与曲、虚与实等,都需要在强调对比的同时保证集中统一,否则就会导致不可控制的混乱结局。

(2)均衡对比。自然生活中,人们常见到严格对称的物体,也习惯了物体的对称性。如房屋、家具、人体和飞机,让人感到稳定、安全。这些现象和心理感受反映到绘画、摄影中来,就是画面构成上应该遵从的重要原则——均衡。均衡是画面中被摄对象(主体与陪体)之间具有形式上或心理上的对等平衡关系,使画面在总体布局上具有明显的稳定性。这种稳定的均衡感,可以是天平式的对称布局,也可以是中国秤式的不对称布局,但只要在内容情节和视觉心理两个方面令观众觉得均衡适当就行。

1)对称式均衡。这种均衡形态是一种最明显最自然的对称,以画面中心十字线为轴,物体成像左右均等、上下相同,具有庄重大方、工整协调的优点,不足之处是画面容易呆板,不够活泼。对称式构图拍摄起来简单易行,只要找到拍摄对象的对称形态面就可以完成拍摄。不过在实拍中,对称式构图也并非两边完全一样,只要有七八成就足矣。

2)不对称式均衡。表面上不对称而实质上均衡的结果是不对称式均衡形态的特点,主要是根据事物的内容性质(如情节、动作、趋势),形态上的几何关系(如点与面、大与小),视觉分量的轻重差异等来构成,在原理和效果上符合人们视觉心理的需要。这种均衡式样丰富而且使用频繁,因为它既能打破对称式构图的呆板,又能保持画面的视觉稳定,还增加了形式美感。

常规肖像构图总是把人物放在画面中心,形成金字塔式的对称结构,给人以严肃有余、缺

乏活力的沉闷感。

2. 基调

基调是指作品整体上以某个主要影调或色调为主导的构图安排。它可以是黑白灰的影调分布，也可以是红绿蓝的色调安排，共同构成画面主要的基本调子，以及这种基调所烘托的情感气氛。

基调不仅会产生强烈的艺术感染力，而且对提高作品构图的完整性、统一性有极大的好处。如高调常以明亮的白色为主，画面中只有少量影像是深色的，给人以纯洁、高雅的感觉；低调则常以昏暗的黑色影调为主，画面中只有少量影像呈亮色，让人感觉到深沉和压抑，此外还有冷调、暖调、硬调、柔调等基调，从色彩上体现出来的整体感。

从构图上看，统一和建立基调是一种非常有用的构图技法，它将客观现场的杂乱消化，使主体、陪体与环境从各自为政下统一起来，艺术地浑然一体，在一个新的基础上展现充满情调的内容。

基调从影调上分为中间调、低调(暗调子)、高调(亮调子)，从色调上分为冷调、暖调和正常调子。也可以按画面的主要影调和色彩趋向来分，如绿调子、蓝调子或灰调子，其中黑白影调(中间调、低调、高调)是其它分法的基础，因为它是视觉明暗关系的体现和代表。

拍摄中间调的画面中主要由中间影调或色调的景物影像所构成，具有结构分明、层次丰富、色彩正常等特点，给人真实客观、大方明快的感受。中间调是使用率最高的画面基调，也最适合表现各种正常的影像效果。拍摄中间调首先是要选择明暗和色彩适中的、正常的景物，在用光上可以随位的光线，曝光也要保证精准到位。能做到上述几点，就可以比较顺利地获得正常感受的中间调作品。

高调画面中主要是高亮和浅白色景物的影像，具有色彩浅淡、层次细腻和简洁明快的特点，其中有很少量的深色影像，总体给人以纯洁高雅的印象。高调照片应以白色和浅色景物为主要拍摄对象，如白色的瓷器、雪景等，用光以顺光为主，曝光时有意增加两挡以上。这样，获得的画面就会是明亮、浅淡的高调效果。

低调与高调刚好相反，低调画面中主要是黑色和深色景物的影像，具有色彩深暗、层次省略和深沉厚重的特点，其中有很少量的浅白色影像，给人以肃穆神秘的感觉。低调的影像效果，给作品带来一种忧郁和一些清新的气氛。低调照片应以黑色和深色景物为主要对象，如黑色的煤炭，用光以侧光或逆光为主，曝光时有意地减少两到三挡。如此拍摄就可以获得深重、暗黑的低调画面。

2.2 摄像基本知识

2.2.1 电视摄像技巧入门

要想拍摄好画面，首要的要求是持稳摄像机。最好是用两只手来把持摄影机，这绝对比单手要稳，或利用身边可支撑的物品或准备摄影机脚架，无论如何就是尽量减轻画面的晃动，最忌讳边走边拍的方式，这也是最多人犯的毛病。这种拍摄方式是针对特殊情况下才运用的，千万记住画面的稳定是动态摄影的第一要件。

2.2.1.1　固定镜头

简单地说，就是镜头对准目标后，做固定点的拍摄，而不做镜头的推近拉远动作或上下左右的扫摄，设定好画面的大小后开机录像。平常拍摄时以固定镜头为主，不需要做太多变焦动作，以免影响画面稳定性，画面的变化，也就是利用取景大小的不同或角度及位置的不同，对景物的大小及景深做变化。简单地说，就是拍摄全景时摄影机靠后一点，想拍其中某一部分时，摄影机就往前靠一点，位置的变换如侧面、高处、低处等不同的位置，其呈现的效果也就不同，画面也会更丰富，如果因为场地的因素无法靠近，当然也可以用变焦镜头将画面调整到想要的大小。但是切记不要固定站在一个定点上，利用变焦镜头推近拉远地不停拍摄，这是许多新手常犯的毛病。拍摄时多用固定镜头，可增加画面的稳定性，一个画面一个画面地拍摄，以大小不同的画面衔接，少用让画面忽大忽小的变焦拍摄，除非你用三角架固定，否则长距离的推近拉远，一定会造成画面的抖动。如果能掌握以上几个原则，保证作品会更具可看性。那么变焦镜头在拍摄时不就是英雄无用武之地了吗？这倒也不是，只是运用的技巧及时机是否恰当。

2.2.1.2　变焦镜头

摄像机和照相机同样具有变焦镜头，但是最大不同点就是，摄像机可以在拍摄的同时做变焦的动作，改变画面大小的取景。例如想拍摄远处某个目标，可以利用变焦镜头推近来取景，当推到想要的画面大小时，才按下录像键，摄取想要的画面。就像固定镜头拍摄的方式一样。那么拍摄的同时做变焦的动作什么时机来运用才恰当呢？当要表达某件物品或人物的位置时，例如，特写一个烛光约 3 s，然后慢慢地将镜头拉远，画面渐渐出现原来是一个插满蜡烛的蛋糕。这个动作让画面更为生动有趣。不需要旁白及说明，就可由画面的变化看出拍摄者所要表达的内容及含意，这就是所谓的“镜头语言”。如果反之以推近的变焦拍摄，用意在说明特定的目标或人物，例如，画面开始是一群小孩在表演舞蹈的全景，几秒钟后画面渐渐推近到其中一个小孩的半身景，然后镜头就跟着他。这种拍法就像在告诉你，这个小孩就是我儿子，用意在引导观看者你在拍什么。以上这两种常用的拍法各有意义，运用得恰当，则具有画龙点睛之功效。反之则不知所云，漫无目标地像一只无头苍蝇，镜头到处乱飞。滥用变焦镜头，画面忽近忽远重复地拍摄，这是目前许多初学者常犯的禁忌，记得推近或拉远的拍摄动作，每做一次后就暂停，换另外一个角度或画面后，再开机拍摄。

2.2.1.3　手动功能的运用

由于各机种设计不同，因此可手动的项目及方式也有所不同，在此仅就常用的亮度及焦距使用的技巧说明一下。

1.手动亮度调整功能

首先就手动亮度调整功能说明，拍摄逆光及夜景时，如果以全自动模式拍摄，前者必定是主体或人物全黑则背景光亮，后者却是黑暗中灯光一片模糊，在此不探讨原理，针对以上的问题，最好的方式就是逆光时按下逆光补正功能键，如果没有这个功能，那就将全自动模式切换到手动模式，找到亮度调整键进行画面亮度的调整，逆光时将亮度调亮，夜景时则调暗，一般都会将数据以数字或图形显示在观景器上或是液晶荧幕上，当然最好的方式还是直接看着观景器或是液晶屏幕上的画面调整到适当的亮度。

2.手动焦距调整功能

平常一般的拍摄情况，大都是采用自动对焦，但是在特殊情况下如隔着铁丝网、玻璃、与目标之间有人物移动等，往往会让画面焦距一下清楚一下模糊，因为自动对焦的情形下摄影机依据前方物体反射回来的信号判断距离然后调整焦距，所以才会发生上述的情形，故只要将自动对焦切到手动，将焦距锁定在固定位置（由于各厂牌显示及调整的方式有所不同，请参照说明书），焦距就不会变来变去了。

2.2.1.4 摄影机动态拍摄的技巧

相信各位常常会碰到一个画面无法将景物的全景拍摄进来，这时候大家一定是将摄影机由右到左或是由左到右地摇摄，这也是摄影机的优点之一，但是有许多人在做这个动作时，画面常常摇来摇去或是忽快忽慢，总之看起来非常不顺畅。这些问题主要发生在身体转动方式不对，或是转动角度太大，还有就是犹豫不决，没有一气呵成的情况下。正确的做法是以腰部为分界点，下半身不动，上半身转动。就像你要过马路时左右观望是否有来车，只有头在左右转动，肩膀以下是不动的道理。例如你要拍的景物，需要从甲点摇摄到乙点，首先将身体面向乙点后下半身不动，然后转动上半身面向甲点，此时摄影机对着甲点的方向，接着按下录像键先原地不动录 5 s，然后慢慢摇摄回到乙点，到了定位时不动继续录 5 s 后关机。摇摄的速度配合所要摇摄的范围内景物的丰富程度而定。如果拍摄的是静态的景物，则速度可稍快一点，但要以看得清楚内容为原则。如果取景内容是动态的物体及内容相当丰富，则速度可稍慢一点。

以上提供这些方式仅仅是拍摄时的参考，最重要的是要实际地练习及体会。另外记住先决定要拍摄什么才开机拍摄，而不是开着摄影机到处找目标。

2.2.2 电视摄像的第一要素

画面的稳定是电视摄像的第一要素。保持画面的稳定是摄像的最基本的也是最重要的要求，不管是推、拉、摇、移、俯、仰、变焦等拍摄，总是要围绕着怎样维持画面的稳定展开工作。而影响画面稳定的主要因素来自于拍摄者的持机稳定。掌握正确的持机方法是每个摄像者必备的基本功，有了过硬的基本功才能在拍摄时操作的得心应手，拍摄出高水平的影像作品来。

2.2.2.1 手持摄像机拍摄对姿势的要求

在站立拍摄时，用双手紧紧地托住摄像机，肩膀要放松，右肘紧靠体侧，将摄像机抬到比肩稍微高一点的位置。左手托住摄像机，帮助稳住摄像机，采用舒适又稳定的姿势，确保摄像机稳定不动。双腿要自然分立，约与肩同宽，脚尖稍微向外分开，站稳，保持身体平衡。采用跪姿拍摄时，左膝着地，右肘顶在右腿膝盖部位，左手同样要扶住摄像机，可以获得最佳的稳定性。在拍摄现场也可以就地取材，借助桌子、椅子、树干、墙壁等等固定物来支撑、稳定身体和机器。姿势正确不但有利于操纵机器，也可避免因长时间拍摄而过累。持机的稳定性与机器的质量成正比，依靠身体的支撑保持机器稳定，对多数人来说有一定的难度，这就需要正确掌握持机要领，多多练习。

2.2.2.2 脚架的使用

保持持机的稳定最好的方法是利用摄像机三脚架，用带云台的三脚架来支撑摄像机效果最好，不但会有效地防止机器的抖动，保持画面的清晰稳定、无重影，而且在上下或左右摇摄时也会运行平滑、过度自然。还有一个好处，那就是可以利用控制摄像机的遥控器和控制云台的遥控器来完成拍摄的全部过程。在固定场合长时间拍摄一定要使用三脚架，比如拍摄婚礼仪式、生日 party、广场音乐会等。三脚架一定要选用坚固的，把它放在稳固、平坦的表面上，尽量远离震动源（如有汽车跑的公路、振动的机械）。如果有风，可以在三脚架上加佩重物以加大三脚架的稳定性，比如背包、石块等。

2.2.2.3　眼睛的取景方式

许多人受摄影的影响，在拍摄时只睁右眼以取景，这样的取景方式有很大的弊端。摄影与摄像不同，摄影抓住的只是瞬间，而摄像我们应采用双眼扫描的方式，用右眼紧贴在寻像器的目镜护眼罩上取景的同时，左眼负责纵观全局，留意拍摄目标的动向及周围所发生的一切，随时调整拍摄方式，避免因为一些小小的意外而毁了自己的作品，譬如结婚摄像时乱窜的小孩往你身上撞啦，马路摄像时要躲避车辆啦；也避免因为自己的“专一”而漏掉了周围其它精彩的镜头，一切变化尽在掌握中。

2.2.2.4　其它应注意的问题

如果所操作的摄像机具有图像稳定功能，在手持机器拍摄时打开此功能，这样会有助于改善其图像的不稳定。但是你要知道这种抑制作用是有限度的，并非万能。轻微的抖动还能奏效，幅度稍微一大，他就无能为力了。而且对色彩平淡、亮度暗弱的主体或主体在快速移动的情况下，画面稳定效果并不明显。如果是以电子式补偿，还会牺牲一些画质。如果在上下或左右摇摄时请务必解除此功能。

在拍摄时要多多运用广角镜头，将变焦镜头调到广角（W）的位置进行拍摄。如果将镜头调到最大倍数的变焦位置（T）时，只要稍微有一点颤抖都会使镜头产生相当大的晃动，为此需要特别留意。在拍摄过程中需要按动某些功能键或手动变焦时，不要用力过猛，以免牵动镜头引起晃动。

拍摄时应尽量避免边走边拍，除非实在需要。大多数非专业摄像者在采用这种方式时往往拍摄不到好处：放像时画面抖动很厉害，让人看得头昏眼花。当然有时候也需要这样的效果，譬如要表现出车的颠簸、船的摇晃、行人的拥挤……表现好了会有很强的临场感。但一定要注意做得有板有眼、有分寸，不要过量，不要让人看出破绽。

总之一句话，稳定高于一切，凡是有利于图像稳定的东西一定要坚持，正确的持机方式就是好的摄像作品的开始。

2.2.3　电视摄像构图

2.2.3.1　保持画面的构图平衡

摄像的构图规则跟静态摄影的构图规则十分类似，不但要注意主角的位置，而且还要研究整个画面的配置，保持画面的平衡性和画面中各物体要素之间的内在联系，调整构图对象之间的相对位置及大小，并确定各自在画面中的布局地位。

首先，要做到画面整洁、流畅，避免杂乱的背景。

杂乱的背景会分散观看者的注意力，降低可视度，弱化主体的地位。拍摄前应该剔除画面中碍眼的杂物，或者换一个角度去拍摄，避免不相干的背景出现在画面上。

其次，色彩平衡性良好，画面要有较强的层次感。

确保主体能够从全部背景中突显出来。如穿黑色衣服的人不要安排在深色背景下拍摄。

2.2.3.2 摄像构图的一般规则

在拍摄前保持摄像机处于水平位置，这样拍摄出来的影像不会歪斜，可以以建筑物、电线杆等与地面平行或垂直的物体为参照物，尽量让画面在观景器内保持平衡。

要尽可能接近目标，这样才会保证不会有不相关的背景出现在画面上，但也必须在主角四周预留一些空间，以防主角突然移动。要保证摄像机与被拍摄的主角人物之间不会有人或有其它物体在移动。不要让一些不相干的人物一半在画面中，一半在画面外。如果拍摄的是无法控制的活动，那么不可能确保所有构图都很完美，但是可以把拍摄主角安排在画面中的正确位置，同时把整个场景扫描一遍，把不要的景物排除在外。

构图时还要注意：运动中的物体不管多小都比静止的物体容易吸引眼睛的注意力，因此，注意不要让不必要的会分散观众注意力的运动中的物体出现在画面背景上。画面中要避免出现跟主角没有关系但却会抢眼的色彩。

很多专家推行“三分之一”的构图原则。摄像实践表明，让重要的景物或人物正好位于画面 1/3 处而不是在正中央，这样的画面比较符合人的视觉审美习惯，甚至比主角在正中央的画面要有美感得多。一个完整画面被两根垂直和两根水平方向上的线都分成九等份，其中垂直线与水平线交会的 4 个点，这就是画面中最能讨好视觉的部分，可以把这个位置作为主体最重要的部分的中心。人物位于画面中的三分之一处，面部正好处在左上角的两线的交点上，是符合“三分之一”构图原则的。并且背景也不杂乱，人物形象被很好地突出出来。

2.2.3.3 人物的摄像构图

当主角看的方向或行走的方向不与画面垂直时，他们面对或前进方向的前面要留下的“前视空间”，多过他们后面的空间，应该将“多余空间”减少到最低程度。

拍摄人物时，不要给所拍的人物头顶留太多的空间。否则就会造成构图不平衡，缺乏美感。如果画面中人物身高不及画面的三分之一，观众就得集中目力仔细辨认，时间稍长就会感到乏味。记得应该把人物眼睛维持在画面上方 1/3 的高度，如果面孔在这个高度以下，这个人看起来好像掉落在电视屏幕里了。

进行人物的构图时还要注意不要犯一些低级的构图错误：譬如电线杆突出在画面人物的头顶上、建筑物的水平面与画面人物的脖子等高、电线横在脖子上等等。

关于裁身点。拍摄画面一般有远景、中景、近景、特写等表现手法。如果你以远景拍摄，人的全身都会出现在画面上。如果你以中景、近景、特写手法去拍摄，这样就需要把被拍摄者的身体从下往上依次递增地从画面上裁掉一部分。那么请注意不要把人的膝盖、腰部和颈部作为裁身点，在这三点上裁出来的画面让人看起来是很别扭的。除非你进行的是脸部或身体某部位的特写，最好的裁身点应是腋下、腰部下面一点，膝盖上去一点。

摄像构图中应注意的问题有以下几点。

第一：忌面面俱到、淡化主题。

新手在摄像中容易出现的一个错误就是，喜欢用远景，将过多的背景放在画面中，导致主次不分。看到眼里的花花草草就爱不释手，恨不得都拍摄进来，生怕有漏掉的地方，主体人物倒成了花草的点缀，看上去像一个风景片。拍摄录像片应该多采用近景乃至特写镜头，把主角突出出来，人物丰富的表情才会清晰可见。

第二：忌死搬硬套、教条主义。

应当熟悉规则、学会运用规则，活学活用，顺势而为，切不可盲目听从一般的陈规旧套。如果只知道刻板地去运用“规则”，那么的作品就会显得呆板生硬，失去美感。

摄像也是一种艺术创作，而艺术是有规则但更是无规则的。所谓的构图规则，只是摄像创作的基础套餐，并不能代表一切。就像画画一样，好的作品是脱胎于规则但不拘泥于规则的。摄像构图的最后一条规则就是要打破一切常规、打破一切束缚、反对一切戒条，这样创作出的作品才会有生命力。

2.2.3.4　景物的摄像构图

不管是用 DC 还是 DV 拍摄静态画面，都有一定的规律可循。下面是 9 种常见的景物画面构图。

1.水平线构图(见图 2.30)

使用水平线构图的画面，一般主导线形是水平方向的，主要用于表现广阔、宽敞的大场面。如拍摄大海、日出、草原放牧、层峦叠嶂的远山、大型会议合影、河湖平面等等，经常会用到水平线构图来表现。

图 2.30　水平线构图

2.垂直线构图(见图 2.31)

使用垂直线构图的景物，一般画面的主导线形是上下方向延伸的，采用垂直构图主要是为了强调拍摄对象的高度和纵向气势。比如，拍摄摩天大楼、树木、山峰等景物时，常常可以使用垂直构图的形式表现。

图 2.31　垂直线构图

3.斜线构图(见图 2.32)

在画平面中采用斜线构图的好处有两个方面，一是能够产生纵伸的运动感和指向性，对观众的视线具有很强的指向性，画面的交流感十分强；另一方面，画面中的斜线也能够给人以三维空间的印象，增强画面的空间感和透视感。最典型的斜线构图方式是画平面的两条对角线方向的构图。采用斜线构图时，在视觉上显得自然而有活力，醒目而富有动感，是十分常用的一种构图方式。

图 2.32　斜线构图

4.曲线构图(见图 2.33)

曲线构图通常称为S形构图，也是一种常见的构图形式。在画面中使用曲线构图形式，不仅能给观众一种韵律感、流动感的视觉享受，很好地表现画面的节奏，还能够有效地表现被摄对象的空间和深度；此外，S形线条在画面中能够最有效地利用空间，把分散的景物串连成一个有机的整体，突出画面的美感。

图 2.33　曲线构图

5.黄金分割式构图(见图 2.34)

黄金分割大家应该都是很熟悉的了，一直被人们认为是最神圣、最美妙的构图原则，广泛运用于绘画、雕塑、建筑艺术之中。将黄金分割法则借鉴到电视画面的构图中，也具有相当的美学价值。能够给人以赏心悦目的视觉效果。

图 2.34　黄金分割式构图

6.九宫格式构图(见图 2.35)

将被摄主体或重要景物放在“九宫格”交叉点的位置上。“井”字的四个交叉点就是主体的最佳位置。一般认为,右上方的交叉点最为理想,其次为右下方的交叉点。但也不是一成不变的。这种构图格式较为符合人们的视觉习惯,使被摄主体成为视觉中心,具有突出主体,并使画面趋向均衡的特点。

图 2.35　九宫格式构图

7.圆形构图(见图 2.36)

适当的利用画面之中的弧线或者是圆形进行构图,提高画面的美感和水平。

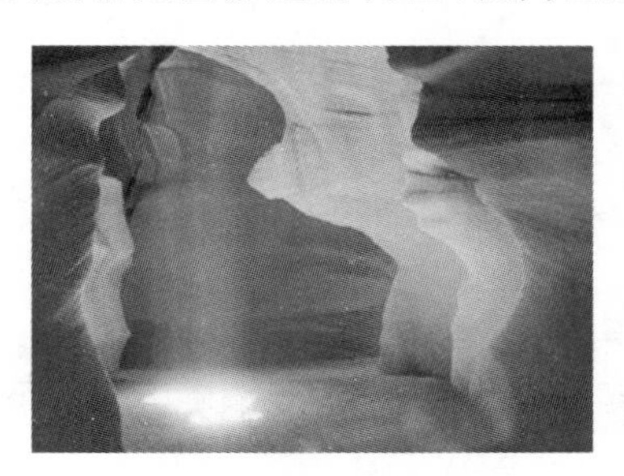

图 2.36　圆形构图

8.对称构图(见图 2.37)

一般是比较符合人们的审美习惯,具有平衡、稳定、相对的特点。但是不足之处在于,画面显得呆板、缺少变化。常用于表现对称的物体、建筑物以及特殊风格的物体。

图 2.37　对称构图

9.非对称构图(见图 2.38)

将画面中的景物故意安排在某一角或某一边,能给人以思考和想象,并留下进一步判断的余地。比较类似于中国国画的构图特点，富于韵味和情趣。常用于山水景物、体育运动等。

图 2.38　非对称构图

2.2.4　拍摄角度技巧

不同的角度拍摄出不同的内涵。在大多数情况下，拍摄画面要以平摄为主。但是一部片子全篇一律地使用平摄，就会使观看的人感到平淡乏味。偶尔变换一下拍摄的角度，就会使影片增色不少。

拍摄角度大致分为三种：平摄（水平方向拍摄）、仰摄（由下往上拍摄）、俯摄（由上往下拍摄）。

2.2.4.1　水平方向拍摄

大多数画面应该在摄像机保持水平方向时拍摄，这样比较符合人们的视觉习惯，画面效果显得比较平和稳定。

如果被拍摄的主角的高度和摄像者的身高相当，那么摄像者的身体站直，把摄像机放在肩部到头部之间的高度拍摄，是最正确的做法，也是握着录像机最舒适的位置。

如果拍摄高于或低于这个高度的人或物，摄像者就应该根据人或物的高度随时调整摄像机高度和身体姿势。譬如拍摄坐在沙发上的主角或在地板上玩耍的小孩时，就应该采用跪姿甚至趴在地上拍摄，使摄像机与被摄者始终处于同一水平线上。

2.2.4.2　由下往上拍摄

不同的角度拍摄的画面传达的信息不同。同一种事物，因为观看的角度不同就会产生不同的心理感受。仰望一个目标，观看者会觉得这个目标好像显得特别高大，不管这个目标是人还是景物。如果想使被摄者的形象显得高大一些，就可以降低摄像机的拍摄角度，倾斜向上去拍摄。用这种方法去拍摄，可以使主体地位得到强化，被摄者显得更雄伟高大。

拍摄人物的近距离特写画面时，拍摄角度的不同，可以给这些人物的神情带来重大的变化。如果用低方位向上拍摄，可以提高此人威武、高大的形象。会使主角的地位更好地突现出来。如果把摄像机架得够低，镜头更为朝上，会使此人更具威慑力，甚至主角人物说的话也会增加分量。观众看到这样的画面，就会有压迫感，特别是近距离镜头，表现得尤为强烈，人物再稍微低头，甚至有些威胁感。

在采用由下往上拍摄时要注意，这种角度所拍出来的效果通常并不理想，因为面部表情会太过于夸张，时常会出现明显的变形，在不合适的场合使用这种视角可能会扭曲丑化主体。这种效果切记不要滥用，偶尔的运用，可以渲染气氛，增强影片的视觉效果；如果运用过多过滥，效果会适得其反。但有时拍摄者就是利用这种变形夸张手法，从而达到不凡的视觉效果的。

2.2.4.3　从上往下拍摄

摄像机所处的位置高于被摄体，镜头偏向下方拍摄。超高角度通常配合超远画面，用来显示某个场景。可以用于拍摄大场面，如街景、球赛等。以全景和中景拍摄，容易表现画面的层次感、纵深感。如果从较高的地方向下俯摄，就可以完整地展现从近景到远景的所有画面，给人以辽阔宽广的感觉。采用高机位，大俯视角度拍摄就可以增加画面的立体感，有时可以使画面中的主体具有戏剧化。

同仰摄的效果相反，从高角度拍摄人物特写，会削弱人物的气势，使观众对画面中的人物产生居高临下的优越感。画面中的人物看起来会显得矮一点，也会看起来比实际更胖。

如果从比被摄人物的视线略高一点上方拍摄进行近距离特写，有时会带点藐视的味道，这一点要注意；如果从上方角度拍摄，并在画面人物的四周留下很多空间，这个人物就会显得孤单。

2.2.4.4　人物视角的拍摄

视角的反映要符合正常人看事物的习惯。有些时候，可能需要表现出拍摄主体的视角，在这种情况下，不管拍摄的高度是高是低，都应该从主体眼睛高度去拍摄。如：一个站着的大人观看小孩，就应把摄像机架在头部的高度对准小孩俯摄，这就是大人眼中看到的小孩子。同样，小孩仰视大人就要降低摄像机高度去仰摄。

再如，一个正蹲在地上干活的人，要表现他看来到他面前的人的情景时，首先应降低高度（与蹲着的人眼睛的位置同高）去俯摄来人的脚部，然后再慢慢向上移动镜头进行仰摄，最后到达脸部，而不能去直接平摄，这样才符合常理。直接向下俯视的画面通常被用来显示某人向下看的视角。用远摄或广角的拍摄方式从高处以高角度进行拍摄，可以增加片中观看者与下面场景的距离。

2.2.5　摇摄的技巧

2.2.5.1　上下摇摄与左右摇摄

拍摄工作中，摇镜头是最常用的手法之一。当拍摄的场景过于宏大，如果用广角镜头不能把整个画面完全拍摄下来，那么就应该使用“摇摄”的拍摄方式。

摇摄分上下摇摄和左右摇摄，就是摄像机的位置不变，依靠变动摄像的角度去拍摄。摇摄的拍摄方法在以下两种情况下常被用到：第一种情况就是当拍摄一个大场面或一幅风景画时，这种情况往往用在所拍摄的故事片段的开始，就像一段开场白，以此来介绍事件所发生的地点以及主角人物所处的位置和环境；第二种情况就是用来追踪一个移动中的目标，比如，一个正在高台跳水的运动员、楼上掉下来的东西或者是一辆奔跑的汽车等。

1.上下摇摄

用这种拍摄方法可以追踪拍摄上下移动的目标。如运动员的跳水动作，从运动员站在高台准备跳时作为起幅，把镜头推近，锁定目标，从起跳到入水，镜头随运动员的下落而同步下移。这样的场面最好使用近镜头去拍摄，如果运镜恰当，短短几秒，一气呵成，视觉冲击力很强。但是拍摄这样的目标是有难度的，关键是摇拍的速度不好掌握，移动构图有难度。拍摄一定要多演习几遍，一般不要采用太近的镜头去拍摄。

用上下摇摄的方法还常常用来显示一些高得无法用一个整画面完整表现的景物，或是要表现某一景物的高大雄伟。高耸的建筑物是上下摇摄的最好目标。站在一座高楼大厦前，先用平摄的方法拍摄楼的底座，再由下往上慢慢移动镜头直至高楼的顶端，使得高楼更显雄伟、壮观。

2.左右摇摄

以横向圆弧路线摇动摄像机，可以很好地拍摄宽广的全景或者是左右移动中的目标。

左右摇摄的方法是，首先将身体面对摇镜头的终止方向上，使摄像机稳定，朝向摇摄的最后一点，然后身体转向摇镜头的开始方向并开始拍摄。身体慢慢地、均匀地向终止方向转动，直到完成整个摇摄过程。

以手持机摇摄时，身体一般不需要转动 90°，如超过 90°，人就会觉得不舒服，会对画面稳定不利。跟上下摇摄一样，用这种摇摄的方法来追踪拍摄左右移动的目标的关键是要掌握好摇镜头的速度，要跟拍摄目标的移动速度保持同步。

例如，拍摄一辆自左至右行使的汽车。首先要规划好汽车行驶的路线以及摇摄的起始和终止点；然后拿好摄像机，身体朝向终止点站稳，逆时针转动上身至起始点等待目标的出现；目标一旦进入画面就开始拍摄，并随着汽车的移动而向右匀速转动上身。镜头始终对准行驶的汽车，直到摇摄终止点，中间不能停顿。摇摄时要注意构图平衡，目标的行走空间要大于其多余空间。要想结束拍摄，可停止摇动追踪目标，镜头不动，停止两三秒钟，让目标慢慢从画面上消失。

拍摄这样一组镜头要提前策划，在拍摄前要有一个准备的过程。要准备好姿势，等目标出现。当然，建议初学者还是用三脚架云台来完成摇摄较好。

2.2.5.2 平稳地运镜

进行摇摄时，一定要平稳地移动摄像机的镜头。最好使用三脚架，这样有利于拍摄出稳定的画面。如果用手持机，其基本姿势是，首先将两脚分开约 50 cm 站立，脚尖稍微朝外成八字形，再摇动腰部（注意不是头部，更不是膝部）。这样可以使得摇摄的动作进行得更为平稳。

不管是上下摇摄还是左右摇摄，动作应该做得平稳滑顺，画面流畅，中间无停顿，更不能忽快忽慢。要注意不要过分移动镜头，也不要在没有需要的情况下移动镜头。摇摄的起点和终点一定要把握得恰到好处，技巧运用得有分有寸。也要避免摇来摇去，像浇花。摇摄过去就不要再摇摄回来，只能做一次左右或上下的全景拍摄。

2.2.5.3 恰当的摇摄速度

摇摄的时间不宜过长或过短。用摇摄的方法拍摄一组镜头约 10 s 为宜，过短播放时画面看起来像在飞，过长又会觉得拖泥带水。

一组摇摄的镜头应该有明确的开始与结束，在起幅和落幅的画面上要稳定停留一段时间，一般来说 3 s 左右就够了，这样的镜头让人看起来稳定自然，这点很重要。落幅无停留，摇镜头将会给人没有结束和不完整的感觉。

当然根据艺术的需要进行不同的处理也是常见的：如果想让画面增添一些紧张的气氛，就可稍微加快一点移拍的速度，这样就能够达到预期的效果，这样的画面，在好莱坞的惊险影片里常常看到。

有些人认为，左右摇摄时应该将变焦镜头调到最广角（W）的位置进行拍摄。其实很多时候，把镜头稍微拉近，用中镜头甚至近镜头去拍摄效果会更好，使拍摄下来的画面更加生动有趣、更富有临场感。

2.2.6　对焦技术

2.2.6.1　摄像机的自动聚焦机构

在动态图像的拍摄过程中，摄像机与被摄体之间的距离是经常变动的，因此常常会超出景深范围而导致图像模糊。为了使图像保持清晰，就必须不断改变镜头的焦点位置，使图像始终保持清晰。这种调节焦点位置的过程称为聚焦或对焦。

摄像镜头的前端专门设有一组聚焦镜片，包括外侧与内侧两个透镜，通过改变聚焦组镜片的位置即可达到调焦的目的。目前摄像机镜头的自动聚焦方式很多，大致可分为两类：一类为主动式聚焦，包括红外线方式和超声波方式；另一类为被动式聚焦，较有代表性的有佳能自己研制开发的"固态三角测量"系统（SST，Solid State Triangulation）和新近流行的TTL方式。

通常家用摄像机采用的是主动式聚焦，其原理就是当镜头对准目标时，由装置在摄像机镜头内下方的一组发射器，发出红外线或超声波，经被摄物体反射回来后，再由摄像机的红外线传感器或超声波传感器接收下来，从而测定出距离，根据测定的距离驱动摄像机的聚焦装置聚实焦点。其优点是不受光线条件的影响，能在完全黑暗的情况下工作。但不能透过玻璃进行工作，对吸收红外线或超声波的物体、远距离的物体也不能正常工作。

而专业摄像机多采用被动式聚焦。SST方式的原理是，来自被摄体的光线分别经过固定反光镜和可动反光镜后，再反射到两个透镜及一个三角棱镜，分别照射在检测传感器上，使之变换成电信号。再由微电脑处理器对所得到的信息进行分析，计算出与被摄物体之间的距离，控制镜头的聚焦电动机进行聚焦工作。TTL方式的结构相对简单：直接从摄像镜头后面的CCD传感器取出视频信号，再经微机处理，根据这些返回的数据来调整透镜的自动对焦机构。TTL方式具备远距离聚焦正确，对焦没有视差等优点，不足之处是当光线太暗和被摄体反差低时不能正常工作。

2.2.6.2　摄像聚焦操作

通常情况下，保证拍摄画面的清晰是摄像最基本的要求之一，而聚焦调节是保证图像清晰度最重要的一环，摄像机聚焦的过程就是对图像清晰度调节的过程。

在实际操作过程中，一般都是将变焦距镜头推到广角位置（W）再进行聚焦的，因这时景深范围大，可以很容易地将焦点聚实。通过取景器观察图像的清晰度情况，直到满意为止。聚实焦点之后，再推拉变焦拉杆将镜头调整到所希望的构图景别上，焦点在变焦过程中不会变化。而采用摄远位置（T），对焦较为困难。特别是在近距离拍摄时，一定要将镜头调节为焦距最大的位置。

目前所有的摄像机都具有自动聚焦功能，稍高级一点的也加上了手动聚焦功能。在自动状态下基本能满足大多数环境下的拍摄，除非是经验老到的摄像师，否则还是先依靠摄像机自动系统为好。

但是，自动聚焦系统并不是万能的，各种方式的自动聚焦都有各自的特点，同时也都有其一定的局限性，许多情况下还需要靠手动来聚焦。当主要的被拍摄物偏离画面中心，处于画面边缘时，使用手动聚焦的方法是，先将自动聚焦切到手动，对准被拍摄物，使其位于画面的中央，并调节清晰度到最佳，再利用锁定功能将焦距锁定在固定位置，再重新构图，回到原始位置。

自动聚焦系统受被摄体亮度的影响很大。光线充足时，自动光圈缩小，景深变深，对焦范围变宽，对焦容易。这种情况下，被拍摄体移动或进行移摄、摇摄时，不会出现焦点不实现象；而在拍摄照明较暗的被摄体时，由于镜头光圈开大，景深变浅，聚焦会困难。最好的解决方法是增加被摄体的照度。

2.2.6.3 自动聚焦的问题

摄像机的自动焦点装置一般是以画面中央为调焦基准的。只有画面中央很小范围是自动焦点的检测范围，这一小范围内的物体的焦点能够自动聚实，也就是说如果被摄物体不在画面中央这一范围内，自动聚焦就会出现偏差。另外，自动聚焦系统受光线、亮度、被摄物等条件的影响很大，在一些特殊情况下会出现聚焦偏差，因此在这些场合最好还是使用手动聚焦比较保险。

自动聚焦系统对于下述目标或在下述拍摄条件下，自动焦点装置往往会发生错误判断，如果出现自动聚焦困难，则需要使用手动聚焦。

(1)远离画面中心的景物无法获得正确的对焦。这是由于自动聚焦系统是以图像的中心为准进行调节的。

(2)所拍摄的物体一端离摄像机很近，另一端离得很远。摄像镜头是有一定景深的，对于超出其景深范围的被拍摄物，摄像机不能聚焦于一个同时位于前景和背景的物体。

(3)拍摄一个位于肮脏、布满灰尘或水滴的玻璃后面的物体。这是因为会聚焦于玻璃.而不会聚焦于玻璃后面的物体。玻璃窗前拍摄请贴紧玻璃拍摄。

(4)拍摄在栏栅、网、成排的树或柱子后的主体时，自动对焦也难以奏效。

(5)拍摄一个在暗环境中的物体。由于进入镜头的光线大大下降，摄像机不能正确聚焦。

(6)拍摄表面有光泽、光线反射太强或周围太亮的目标物。由于摄像机聚焦于表面光滑或高反光物体，被摄目标会模糊不清。

(7)拍摄快速运动物体的对焦较难。由于聚焦镜头内部是机械式运动，不可能与快速移动物体保持同步。当系统追踪拍摄时，会使得景物波动于失焦和准焦两种状态。

(8)在移动物体后面的目标物。自动聚焦系统会把移动物体误认为是被拍摄目标而进行聚焦。

(9)拍摄反差太弱或无垂直轮廓的目标物。由于摄像机聚焦实现是建立在图像的垂直线方向的反差物体，如一面白墙可能会变得模糊不清。

(10)在下雨、下雪或地面有水时，自动对焦系统可能不能正确聚焦。

(11)如果摄像机是以红外线或超声波的方式自动聚焦的，当被摄体能吸收红外线或超声波时对焦困难；被摄体距离太远红外线或超声波达不到被摄体时对焦困难。

2.2.7 移动拍摄

除了推拉、摇摄，电视与电影的拍摄中还经常使用“移摄”的拍摄方法，就是一边录像，一边把摄像机向前后或左右移动。移摄与推拉、摇摄不同，后两者是拍摄者的位置不变，变化的只是摄像机的焦距或角度，而前者变化的可能不只是焦距或角度，拍摄者的位置也要有相应的变化。

2.2.7.1　移动拍摄的意义

用“移摄”手法拍摄出来的镜头极富临场感，有着单靠推拉、摇摄不可比拟的视觉效果，运镜更能贴近拍摄目标，非常适合长镜头的拍摄。

在拍摄移动的目标时，可以用摇摄或推拉镜头的方法或用移摄的方法去表现。但拍摄同一个目标，运用的拍摄方法不同，其效果会迥然不同。

在介绍较大的场景时，摇摄有其自己的优点：可以在几秒内从水平线的这一头扫摄到另一头，但大部分画面都在相当距离外，细微部分无法拍出来。如果采用移摄法，就可以靠近欲拍摄的目标；就可以在同一片段中显示出不同角度的几个画面；就可以拍出移摄无法拍出的细微处。

而对静止目标的拍摄，例如要拍一组表现走近一座大楼时的情景时，这时使用移摄法向前移动拍摄是再合适不过了，因为这会让人真正感觉到画面在动，其效果比较自然。

虽然变焦镜头和这种移摄法有点相似，但要是换个方法：利用变焦镜头来拍这个片段，拍出的画面就会让人觉得不真实。利用变焦镜头把画面拉近，是很不好的权宜做法，因为这无法产生移摄像机前进或后退相同的感觉。

2.2.7.2　使用辅助设备

一般来说，应该避免一边捧着摄像机走路一边拍摄，因为这可能造成所拍摄的画面很不稳定，但在质量第一的情况下，却非这样做不可，别无选择。

移动拍摄所需要解决的最大难题就是如何防止摄像机的晃动。在拍摄移动物体时，最好能有某种带轮子的支撑物，最专业的做法是使用摄影台车，就是拍摄移摄镜头时在地上铺设简单的铁轨：把摄影机装设在一架装有轮子的平台上，然后推着这个平台在铁轨上移动，这种平台就称作摄影台车。这是目前专业摄像最常用的做法，也是保证摄像质量最有效的做法，在电影和电视剧的拍摄中可以看到。但是这种平台的造价是昂贵的，对于一般的摄像机使用者来说是个奢望。平民一点的做法就是使用三脚架台车：就是在三脚架的底部装上轮子，让它可以在平坦的地面活动。再差一点的做法就是利用任何有轮子的东西用来做替代品，包括轮椅、汽车、超市的购物车，只要车子行驶得很平稳就可以。这样做虽然以牺牲作品质量为代价的，但如果作品只要不是影视级的，这样拍摄出来的片子的效果还是能让人接受的。

2.2.7.3　徒步移摄

许多情况下是无法借助器材来移动拍摄的，如家庭录像、新闻采访、旅游摄像等，只能依靠摄像者的步法来维持摄像机的稳定。这就要求摄像师不能像平常那样随便走步，而应双腿屈膝，身体重心下移，蹑着脚走。腰部以上要正直，行走时利用脚尖探路，并靠脚补偿路面的高低，减少行进中身体的起伏。腰、腿、脚三者一定要协调配合好，这样就可以使机器的移动达到滑行的效果。

按行走路线的不同移摄可分为三种：前后移动拍摄、左右移动拍摄、弧形移动拍摄。

(1)“前后移动”是移摄最基本的步行方式。在拍摄移动的目标时(例如一对缓缓步入新婚殿堂的新人)，摄像者应在移动目标的前面并保持适当的距离，镜头对准被拍摄者的正面。摄像者随着两位新人的前进而平稳地向后退步，注意其行走路线一定要与被拍摄者一致。由于是面对面的拍摄，被拍摄者的一切表情、动作一览无余，便于摄像者捕捉行进中人物面部的细微之处，有利于刻画人物的心理变化。这种情况下，应把特写镜头很好地利用起来。

在使用前后移动的步行方式拍摄时，还有一个应注意的问题就是，拍摄前一定要搞清目标的行走路线，以及路况如何，做到心中有数。如果路面不平或有障碍物，就应该提前做好应对措施，以免影响拍摄效果，甚至栽跟头。

(2)“左右移动拍摄”也就是侧步行走拍摄，摄像者与被拍摄的主体的线路平行，这时就需要侧步行走去拍摄。这种移摄方式与“前后移动拍摄”不同，在拍摄过程中一般很少采用大特写镜头去刻画人物的细节，而通常用它强调的是主体行走的路线或周围环境的变化。

左右移动，顾名思义，脚的行走路线是左右的而不是前后的，因此这种走法与“前后移动”的步伐有很大不同。如果你想向右边侧步行走，首先要两腿微曲，再把左脚移到右脚前，让右膝的前端碰到左膝的背部，当左脚碰到地面时，把身体的重心慢慢移转到左脚上，然后把右脚向后绕过左脚站稳……依次重复以上的动作，就会完成整个拍摄过程。同理，用同样的方法也会完成向左边侧步行走的过程。

(3)“弧形移动拍摄”就是把摄像者以圆形或弧形方向移动，而不是直线移动。“弧摄”的步行方式基本与侧步行走的步行方式拍摄大致相同，只是行走路线有区别。弧摄的弧度不宜过大或过小，应该控制在120°～180°之间。在整个片段中，主要目标都应该维持在画面中央。

用这种“弧摄”的方法去绕着一个静止的景物如一座喷泉、一座雕像甚至一束花进行拍摄，要比站在原地拍摄的画面生动有趣得多，这样就可很好地反映出静止景物的深度和层次。

本章小结：通过对照相机的介绍，数码相机的结构的阐述，对摄影用光和构图的原理和技巧进行了深入的解析，对摄像机对焦方法和拍摄角度与移动镜头的拍摄技巧与要领的介绍，使读者掌握摄影和摄像的基本常识。

思考与练习题

1.摄影成像原理是什么？

2.什么是色温，色温是怎样变化的？

3.闪光指数意味什么？

4.什么是基本布光法？

5.摄像构图的一般规则是什么？

第 3 章　无人机航拍设备

3.1　多旋翼无人机系统的组成

3.1.1　多旋翼无人机的类型

多旋翼无人机按轴数分为三轴、四轴、六轴、八轴甚至十八轴等。

按电机个数分为三旋翼、四旋翼、六旋翼、八旋翼等。

按旋翼布局分为 I 型、X 型、V 型、Y 型等(见图 3.1)。

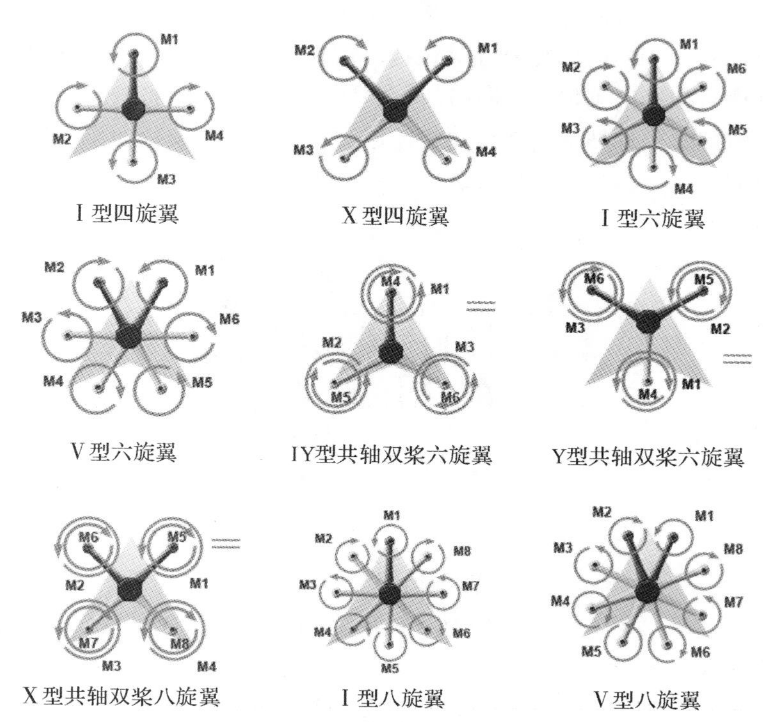

图 3.1　多旋翼类型和布局示意图

轴和旋翼一般情况下是相同的，有时候也是不同的，比如六轴十二旋翼，是将六轴的每个轴上下各安装一个电机构成十二旋翼，如图 3.2 所示。

按任务分为航拍无人机、植保无人机、电力巡线无人机、快递无人机、救援无人机、安保无人机等。

按级别分为专业级无人机和消费级无人机。

图 3.2　六轴十二旋翼航拍无人机

3.1.2　多旋翼无人机系统的组成

多旋翼无人机的基本组成有机身和起落架、电机(电动机)、电调(电子调速器)、飞控(飞行控制器)、螺旋桨、动力电池、遥控装置(遥控发射器和接收器)等,原理为遥控器发射遥控信号,遥控接收器收到信号传输给飞控,飞控将遥控信号转化传输给电调,电调通过调节不同电机的供电电压以控制螺旋桨的旋转速度从而完成前后、左右、上下的飞行动作,而电池负责供电,机架将所有的零件固定在一起。下面以大疆筋斗云 DJI S1000^{+}(见图 3.3)为例进行介绍。

图 3.3　DJI S1000^{+}飞行器

1.机身和起落架

机身由中心板(见图 3.4)、机臂(包含电机、电调和螺旋桨)、智能起落架等组成。

专业多旋翼航拍飞行器的机身和起落架多用强度高而质量轻的碳纤维复合材料制作。和传统金属材料相比,复合材料具有比强度和比刚度高、热膨胀系数小、抗疲劳能力和抗振能力强的特点,将它应用于无人机结构中可以减重 25%～30%。为了携带方便,多旋翼飞行器常做成机臂可折叠结构,而且智能起落架能够在飞行器起飞后离开地面一定高度时遥控升起或折叠，使相机随云台转动时视线不被遮挡(见图 3.5 和图 3.6)。

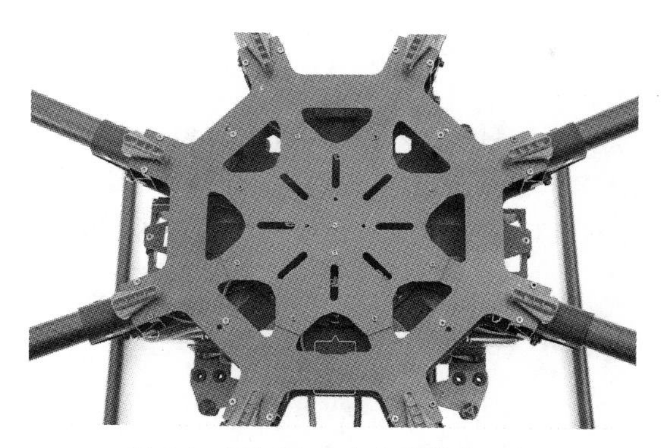

图 3.4　DJI S1000^{+}飞行器中心板

图 3.5　折叠后的 DJI S1000^{+}

图 3.6　飞行中起落架收起

2.电机

多旋翼无人机一般采用外转子无刷电机(定子为绕组与硅钢片组成的框架，转子磁钢在电机外部旋转，见图 3.7)作动力。它的优点是转动惯量大、转动平稳、转矩大、磁铁好固定等。无刷电机相对有刷电机寿命更长、性能更稳定。

普通的直流电机是利用碳刷进行换向的，碳刷换向存在很大的缺点，例如机械换向产生的火花引起换向器和电刷摩擦、电磁干扰、噪声大、寿命短、结构复杂、可靠性差、故障多，需要经常维护等。而无刷直流电机在电机性能上和普通直流电机性能相近，同时电机没有碳刷。无刷电机是通过电子换向达到电机连续运转目的的。无刷电机的换向模式分为方波和正弦波驱动，就其位置传感器和控制电路来说，方波驱动相对简单、价廉而得到广泛利用。目前，多旋翼无人机多采用方波驱动无刷电机。

外转子无刷电机的命名原则，各个厂家有所不同，有以电机定子的直径和高度来命名，也有以电机的直径和高度来命名。多旋翼无人机所用的电机大多都是以电机定子的直径与高度来命名的。例如大疆的 DJI 4114 电机(见图 3.8)，指的是该电机定子直径为 41 mm，定子高度为 14 mm。

图 3.7 无刷电机定子和转子

图 3.8 DJI 4114 电机和桨夹

无刷电机的一个重要参数是 KV 值，它是指电机输入电压每提高 1 V，电机空载转速提高的量。例如大疆的 DJI 4114 电机的 KV 值是 400 $(r \cdot min^{-1})/V$，即说明电机空载情况下加 1 V电压转速为 400 r/min，2 V 电压 800 r/min，依此类推。同型号电机(比如都是 4114)低 KV 值比高 KV 值提供的扭力大，类似于汽车一挡的速度虽然慢，但是爬坡更容易。但是低 KV 值需要配大螺旋桨，如果搭配不合适会造成严重的反扭现象。另外，像电机质量、最大拉力、最大起飞质量等也是无刷电机重要参数。

3.电调

电调的全称是电子调速器，针对电机不同可分为有刷电子调速器和无刷电子调速器，它根据控制信号调节电动机的转速。无刷电调输入是直流，可以接稳压电源或者锂电池。一般的供电都在 2～6 节锂电池左右。输出是三相脉动直流，直接与电机的三相输入端相连。如果上电后电机反转，只需要把这三根线中间的任意两根对换位置即可。无刷电调有一对信号线连出，用来与飞控系统连接，控制电机的运转。多旋翼无人机需要使用专用电调，以适应多轴快速反应。

无刷电调的主要参数有输入电压范围、输出持续电流和最大允许瞬时电流、兼容信号频率等。多旋翼航拍无人机通常为 11.1～22.2 V(3～6 节锂电池)直流电压，持续电流 20～40 A，兼容信号频率 30～450 Hz。一些通用型电调还带有 BEC(Battey Elimination Circuit 免电池电路)输出，例如 5 V/2 A，可以为飞控和遥控接收器等设备供电。但是如果这些设备需要的供电电流大于 BEC 所能提供的电流，就需要专门的供电设备来供电。大疆的 DJI S1000^{+} 使用的是 4114 专用电调(见图 3.9)，工作电流为 40 A，工作电压为 22.2 V(6 节锂电池)，兼容信号频率为 30～450 Hz。

图 3.9　DJI 4114 专用电调

4.螺旋桨

靠桨叶在空气中旋转将发动机转动功率转化为推进力或升力的装置，简称螺旋桨。它由多个桨叶和中央的桨毂组成，桨叶好像一扭转的细长机翼安装在桨毂上，发动机轴与桨毂相连接并带动它旋转。直升机旋翼和尾桨也是一种螺旋桨。

螺旋桨旋转时，桨叶不断把大量空气向后(向下)推去，在桨叶上产生一向前(向上)的力，即推进力。一般情况下，螺旋桨除旋转外还有前进速度。如截取一小段桨叶来看，恰像一小段机翼。桨叶上的气动力在前进方向的分力构成拉力。在旋转面内的分量形成阻止螺旋桨旋转的力矩，由发动机的力矩来平衡。对于固定翼来说主要提供的是推力，对于多轴来说提供的是升力。在不超负载的情况下，飞机可以更换很多不同的桨，同样可以飞起来，但是飞行效果和续航时间却是大相径庭。螺旋桨选得适合，飞行更稳，航拍效果和续航时间都兼得，选得不好可能效果就相反了(见图 3.10)。

螺旋桨有 2,3 或 4 个桨叶，一般桨叶数目越多吸收功率越大(见图 3.11)。多旋翼飞行器的螺旋桨一般使用两叶桨，同电机类似，螺旋桨也有如 8045，9047 等 4 位数字标示，前面 2 位代表螺旋桨的直径，也就是长度，单位是 in。但是要注意，9047 是直径为 9 in 螺旋桨，而 1045 是直径为 10 in 螺旋桨。后面两位数是指几何螺距，螺距原指螺纹上相邻两牙对应点之间的轴向距离，可以理解为螺丝转动一圈前进的距离。而螺旋桨的螺距是螺旋桨在固体介质内无摩擦旋转一周所前进的距离。简单来说可以理解为螺旋桨桨叶的“倾斜度”，螺距标称越大倾斜度越大。螺旋桨长度和螺距越大，所需要的电机或发动机级别就越大。螺旋桨的长度越大，某种程度上能够保证飞机俯仰稳定性越高，螺距越大飞行速度越快。四轴飞行器为了抵消螺旋桨的自旋，相邻的螺旋桨旋转方向是不一样的，因此需要正反桨，正反桨的风都向下吹。顺时针旋转的叫正桨(CW)、逆时针旋转的是反桨(CCW)，安装的时候一定记得无论正反桨有字的一面是向上的。

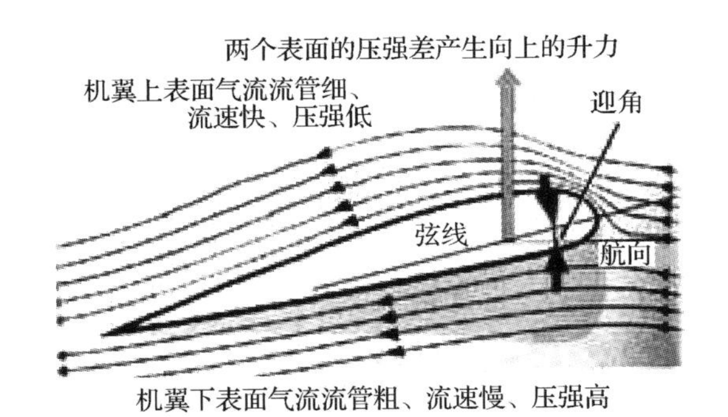

图 3.10　桨叶的剖面和飞机机翼的升力原理

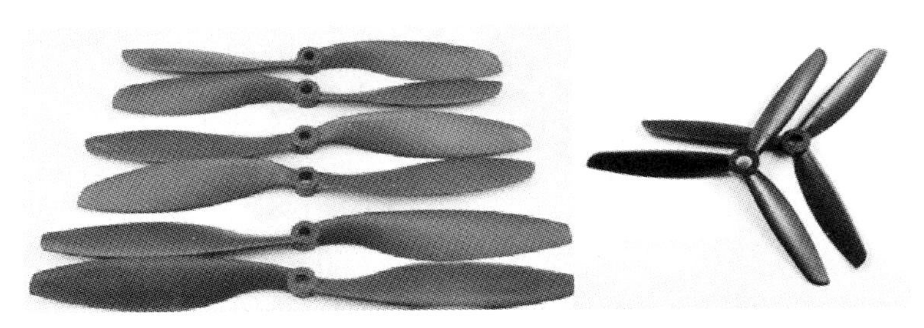

图 3.11　两叶桨和三叶桨

大疆 DJI S1000^{+} 使用的螺旋桨是可折叠桨，每个螺旋桨由两片 1552 碳纤维桨叶和一个桨座组成(见图 3.12)。

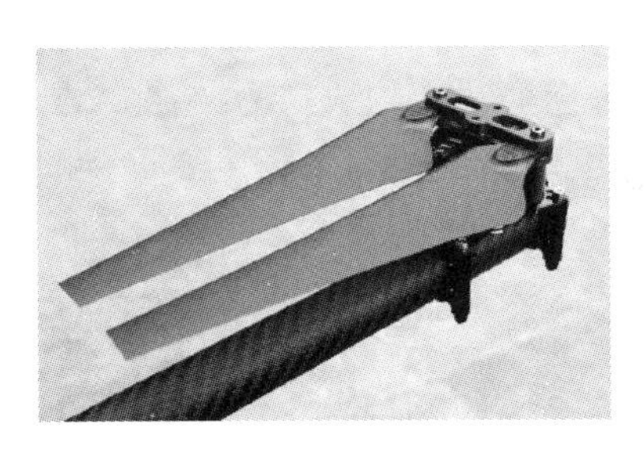

图 3.12　折叠桨

5.飞行控制器

无人机之所以能够在空中自主飞行，就是因为无人机和人类一样，也拥有一个大脑，那就是无人机的核心——飞控，也称自驾仪。有了这套自驾仪，通过地面端的电脑或者手机就可以控制一架飞机自主起飞、自主导航、自主降落了。

(1)飞行控制原理。飞行控制器简称飞控,飞控内部由一些传感器和多块单片机构成。现在的飞控内部使用的都是由三轴陀螺仪、三轴加速度计、三轴地磁传感器和气压计组成的一个IMU(Inertial Measurement Unit),也称惯性测量单元。三轴陀螺仪、三轴加速度计、三轴地磁传感器中的三轴指的就是飞机左右、前后、垂直方向上这三个轴,一般都用 XYZ 来代表。X 轴叫作横滚轴,Y 轴叫作偏航轴,Z 轴叫作俯仰轴(见图 3.13)。

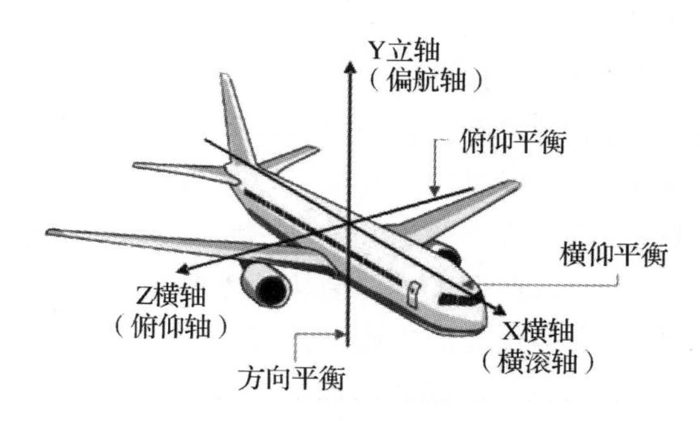

图 3.13　飞机的三个运动轴

众所周知,陀螺在不转动的情况下它很难站在地上,只有转动起来了,它才会站立在地上,或者说自行车,轮子越大越重的车子就越稳定,转弯的时候明显能够感觉到一股阻力,这就是陀螺效应,根据陀螺效应,人们发明出陀螺仪。最早的陀螺仪是一个高速旋转的陀螺,通过三个灵活的轴将这个陀螺固定在一个框架中,无论外部框架怎么转动,中间高速旋转的陀螺始终保持一个姿态。通过三个轴上的传感器就能够计算出外部框架旋转的度数等数据(见图 3.14)。

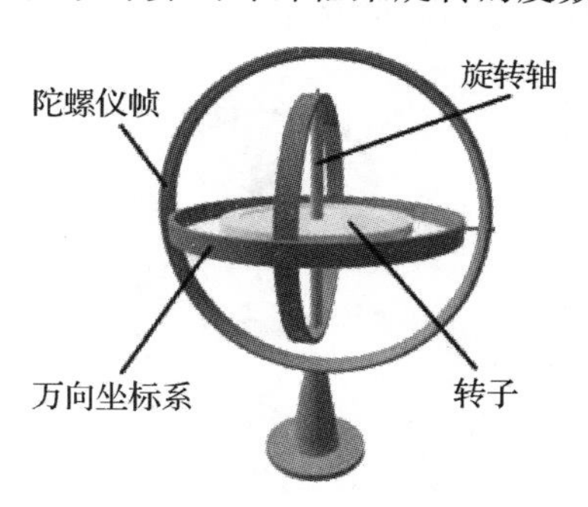

图 3.14　三轴陀螺仪示意图

由于成本高,机械结构复杂,机械陀螺仪现在都被电子陀螺仪代替,电子陀螺仪的优势就是成本低,体积小,质量轻,只有几克重,稳定性和精度都比机械陀螺仪高。陀螺仪在飞控中起到的作用,就是测量 XYZ 三个轴的倾角。三轴加速度计也是 XYZ 三个轴。当人们开车起步的一瞬间就会感到背后有一股推力,这股推力就是加速度,加速度是速度变化量与发生这一变化时间的比值,是描述物体速度变化快慢的物理量,例如一辆车在停止状态下,它的加速度是 0,起步后,从 0 m/s 到 10 m/s,用时 10 s,这就是这辆车的加速度,如果车以 10 m/s 的速度行驶,它的加速度就是 0,同样,用 10 s 的时间减速,从 10 m/s 减速到 5 m/s,那么它的加速度就是负数。三轴加速度计就是测量飞机 XYZ 三个轴的加速度。

(2)高度测量。人们日常出行都是根据路标或记忆来寻找自己的面向的,地磁传感器就是感知地磁的，就是一个电子指南针，它可以让飞机知道自己的飞行朝向，机头朝向，找到任务位置和家的位置。气压计是测量当前位置的大气压，高度越高，气压越低，这就是人到高原之后为什么会有高原反应了。气压计是通过测量不同位置的气压，计算压差来获得当前的飞行高度的。

(3)姿态角度测量。飞控最基本的功能是控制一架飞机在空中飞行时的平衡，是由 IMU 测量、感知飞机当前的倾角数据，通过编译器编译成电子信号，将这个信号实时传输给飞控内部的单片机，根据飞机当前的数据，计算出一个补偿方向、补偿角，然后将这个补偿数据编译成电子信号，传输给舵机或电机，舵机或电机再去执行命令，完成补偿动作，然后传感器感知到飞机平稳了，将实时数据再次传输给单片机，单片机会停止补偿信号，这就形成了一个循环。大部分飞控基本上都是 10 Hz 的内循环，也就是 1 s 刷新 10 次。这就是飞控最基本的功能，如果没有此功能，当一个角一旦倾斜，那么飞机就会快速地失去平衡导致坠机，或者说没有气压计测量不到自己的高度位置就会一直加油门或者一直降油门。

(4)位置测量。有了最基本的平衡、定高和指南针等功能，还不足以让一架飞机能够自主导航，就像人们去某个商场一样，首先需要知道商场的所在位置，知道自己所在的位置，然后根据交通情况规划路线。飞控也是如此，首先飞控需要知道自己所在位置，那就需要定位，也就是大家常说的 GPS。现在全球有 GPS、北斗、GLONASS、Galileo 四大卫星定位系统，由于 GPS 定位系统较早，再加上是开放的，所以大部分飞控采用的都是 GPS，也有少数采用的北斗定位。定位精度基本都在 3 m 以内，一般开阔地都是 50 cm 左右，因环境干扰，或建筑物、树木之类的遮挡，定位可能会有偏差，还有可能定位的是虚假信号。这也就是为什么民用无人机频频坠机、飞丢的一个主要原因(见图 3.15)。

GPS-COMPASS PRO PLUS
· 高增益天线
· 高精卫星导航接收机

图 3.15　DJI GPS 模块

GPS 定位原理是三点定位，天上的 GPS 定位卫星距离地球表面 22 500 km，它们所运动的轨道正好形成一个网状面，也就是说在地球上的任意一点，都可以同时收到 3 颗以上的卫星信号。卫星在运动的过程中会一直不断地发出电波信号，信号中包含数据包，其中就有时间信号。GPS 接收机通过解算来自多颗卫星的数据包，以及时间信号，可以清楚地计算出自己与每一颗卫星的距离，使用三角向量关系计算出自己所在的位置。GPS 也定位了，数据也有了，这个信号也会通过一个编译器再次编译成一个电子信号传给飞控，让飞控知道自己所在的位置、任务的位置和距离、家的位置和距离以及当前的速度和高度，然后再由飞控驾驶飞机飞向任务位置或回家(返航)。

DJI S100＋使用的飞控主要有 A2 飞控和 WooKong－M 飞控两种(见图 3.16 和图 3.17)。

A2 飞控内置 2.4G 接收机 DR16，直接支持 Futaba FASST 系列遥控器。配备高性能抗震 IMU 模块和高精卫星导航接收机 GPS - COMPASS PRO PLUS。其主要特性如下。

适用九种常用多旋翼平台，支持用户自定义电机混控，智能方向控制(IOC)，在普通飞行过程中，飞行器的飞行前向为飞行器的机头朝向。启用智能方向控制后，在飞行过程中，飞行器的飞行前向与飞行器机头朝向没有关系。在使用航向锁定时，飞行前向和主控记录的某一时刻的机头朝向一致，如图 3.18 所示。

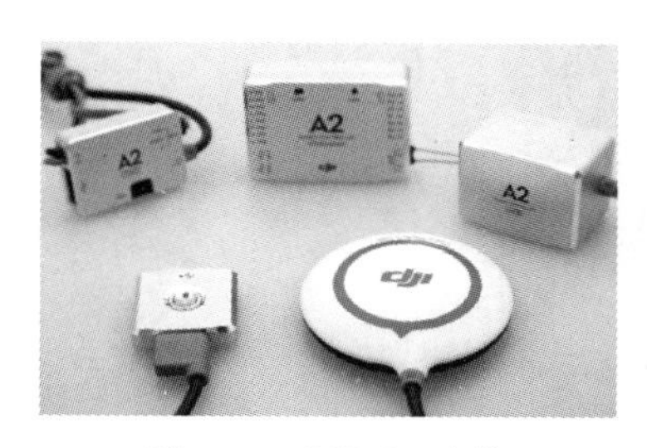

图 3.16　DJI A2 飞控

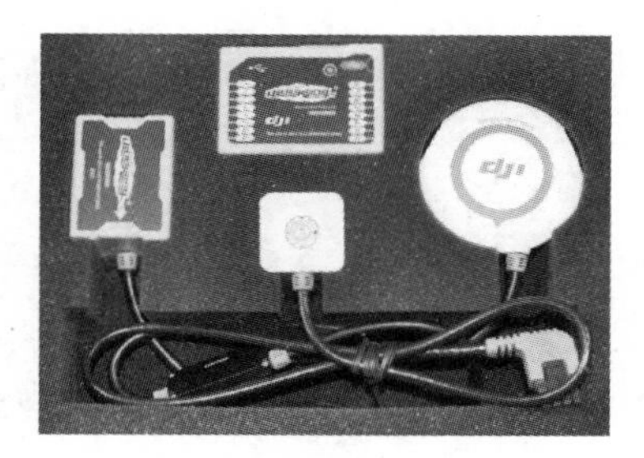

图 3.17　DJI WooKong－M 飞控

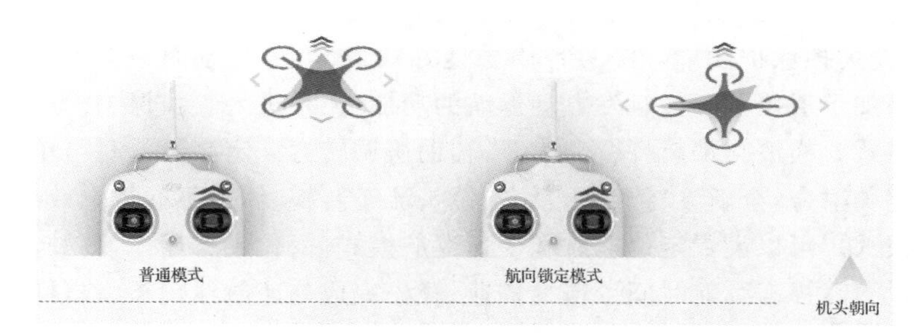

图 3.18　航向锁定模式示意图

在使用返航点锁定时，飞行前向为返航点到飞行器的方向，如图 3.19 所示。

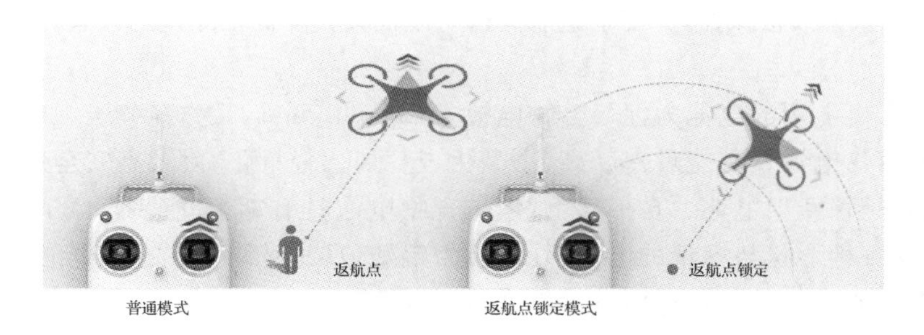

图 3.19　返航点锁定模式示意图

A2 具备热点环绕功能，在 GPS 信号良好的情况下，可以通过拨动遥控器上预先设置好的开关，将飞行器当前所在的坐标点记录为热点。以热点为中心，在半径 5～500 m 的范围内，只需要发出横滚的飞行指令，飞行器就会实现 360°的热点环绕飞行，机头方向始终指向热点的方向，也就是俗称的“刷锅”。该功能设置简单，使用方便，可实现对固定的景点进行全方位拍摄的应用(见图 3.20)。

智能起落架功能。使用智能起落架功能，一旦通电后，保护起落架在地面默认放下(不会意外收起)；在紧急情况时(如断桨保护、自动降落等)放下起落架，以保护飞行器和云台；飞行高度超过 5 m 后可通过设置的开关控制起落架的收起和放下。

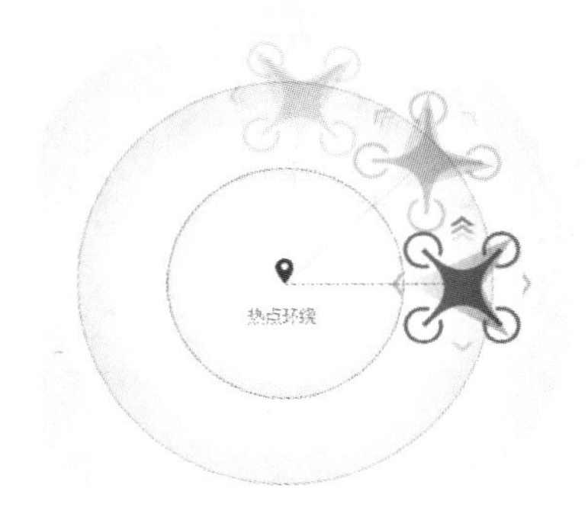

图 3.20　热点环绕飞行示意图

失控返航和一键返航。当飞行器与遥控器之间，因为控制距离太远或者信号干扰失去联系时，系统将触发失控保护功能，在 GPS 信号良好的情况下，自动触发自动返航安全着陆功能。此外还新增加了遥控器开关触发自动返航的功能，无须进入失控保护模式。

协调转弯模式。横滚与偏航杆合二为一，辅助协调转弯。定高飞行时可单手控制，固定翼式转弯与悬停完美融合，全新飞行驾感。航拍镜头流畅转换，体验不同视觉效果。

巡航控制模式。可以设置定速巡航和变速巡航模式，简化飞行操作，驾驶员可以专注云台控制，减少变速损耗，提高续航时间。精准控速，轻松完成匀速航线镜头。打杆调速，方便随时修改巡航速度。

断桨保护功能。对于六轴及以上的机型，断桨保护功能是指在姿态或 GPS 姿态模式下，飞机意外缺失某一螺旋桨动力输出时，飞机可以采用牺牲航向轴控制的办法，继续保持飞行水平姿态。此时飞机可以继续被操控，并安全返航。这一设计大大降低了炸机的风险。

6.电池

多旋翼无人机上用的电池为锂聚合物电池(Li－polymer，又称高分子锂电池)，一般简称为锂电。锂聚合物电池具有能量密度高、小型化、超薄化、轻量化，以及高安全性和低成本等多种明显优势，是一种新型电池。在形状上，锂聚合物电池具有超薄化特征，可以配合各种产品的需要，制作成各种形状与容量的电池，外包装为铝塑包装，有别于液态锂电的金属外壳，内部质量隐患可立即通过外包装变形而显示出来，比如鼓胀。

下面就以一块 22.2 V，10 000 mA·h 航拍动力电池为例说明，它一般是由 6 片额定电压为 3.7 V、容量 10 000 mA·h 锂电芯串联而成的，即常说的 6S1P。也可以是 6S2P，即由 12 片 5 000 mA·h 的电池并联加串联组成的。这里要说明的是，6S1P 要比 6S2P 安全系数要高，因为 1P 要比 2P 的结构简单一半，当然 1P 价格也要更高。

无人机用锂电中，单片电芯电压 3.7 V 是额定电压，是从平均工作电压获得的。单片锂电芯的实际电压为 2.75～4.2 V，锂电上标示的电容量是 4.2 V 放电至 2.75 V 所获得的电量，例如容量为 10 000 mA·h 的电池如果以 10 000 mA 的电流放电可持续放电 1 h，如果以5 000 mA 电流放电则可以持续放电 2 h。锂电必须保持在 2.75～4.2 V 这个电压范围内使用。如电压低于 2.75 V 则属于过度放电，锂电会膨胀，内部的化学液体会结晶，这些结晶有可能会刺穿内部结构层造成短路，甚至会让锂电电压变为零。充电时单片电压高于 4.2 V 属于过度充电，内部化学反应过于激烈，锂电会鼓气膨胀，若继续充电会膨胀、燃烧。因此一定要用符合安全标准的正规充电器对电池进行充电，同时严禁对充电器进行私自改装，这可能会造成很严重的后果。

图 3.21　22.2 V，10 000 mA·h 航拍电池

实际使用中不能将航拍动力电池单片电芯电压放电到 2.75 V，此时电池已不能提供给飞机有效电力来飞行。为了安全飞行，可将单片报警电压设为 3.6V，如达到或接近此电压，驾驶员就要马上执行返航或降落动作，尽可能避免因电池电压不足导致飞行器坠落(俗称炸机)。

电池的放电能力是以倍数 C 来表示的，它的意思是说按照电池的标称容量最大可达到多大的放电电流。常见的航拍用电池有 15C，20C，25C 或者更高的 C 数。1C 是指电池用 1C 的放电率放电可以持续工作 1 h。例：10 000 mA·h 容量的电池持续工作 1 h，那么平均电流是 10 000 mA，即 10 A，10 A 即是这个电池的 1 C。再如电池标有 10 000 mA·h 25 C，那么最大放电电流是 10 A×25＝250 A，如果是 15 C，那么最大放电电流是 10 A×15＝150 A，由此可以看出飞机在进行大动态飞行的时候，C 数越高电池就能根据动力消耗的瞬间提供更多电流支持，它的放电性能会更好，当然 C 数越高，电池价位也会升高。千万不要超过电池的放电 C 数进行放电，否则电池有可能会报废或燃烧爆炸。

电池是为飞行器提供动力的唯一能源，正确的使用和维护对延长电池寿命非常重要。因此在使用和保养中应注意以下事项：

(1)平衡充电。锂电池串联充电时，应保证每节电池均衡充电，否则使用过程中会影响整组电池的性能和寿命。因此，一定要使用专门的平衡充电器为锂电池充电。

(2)不过充和过放。要确保充电电压不超过 4.2 V，充电完毕要及时拔掉充电插头。充电时一定要按照电池规定的充电 C 数或更低的 C 数进行充电，一般正常充电电流为 1 C，紧急情况下也不可超过电池说明书中规定的最大充电电流。

电池的放电曲线表明，刚开始放电时，电压下降比较快，放电到 3.9～3.7 V 之间，电压下降不快。但一旦降至 3.7 V 以后，电压下降速度就会加快，控制不好就导致过放，轻则损伤电池，重则电压太低造成炸机。如果经常过放电，会使电池寿命缩短。无人机动力电池的电压或者剩余电量一般会在图传接收的显示器上显示，要时刻注意电池电量，一旦报警就应尽快降落。

(3)不满电保存。充满电的电池,不能满电保存超过 3 天,如果超过一个星期不放掉,有些电池就直接鼓包了,有些电池可能暂时不会鼓包,但几次满电保存后,电池可能会直接报废。因此,正确的方式是,在接到飞行任务后再充电,电池使用后如在 3 天内没有飞行任务,要将单片电压充至 3.80~3.90 V 保存。如果充好电后因各种原因没有飞,也要在充满后 3 天内把电池放电到 3.80~3.90 V 保存。如在三个月内没有使用电池,将电池充放电一次后继续保存,这样可延长电池寿命。电池保存应放置在阴凉的环境下贮存,长期存放电池时,最好能放在密封袋中或密封的防爆箱内,建议环境温度为 10~50℃,且干燥、无腐蚀性气体。

(4)不损坏外皮。电池的外皮是防止电池爆炸和漏液起火的重要结构,锂电池的铝塑外皮破损将会直接导致电池起火或爆炸。电池要轻拿轻放,在飞机上固定电池时,扎带要束紧。因为会有可能在做大动态飞行或摔机时,电池会因为扎带不紧而甩出,这样也很容易造成电池外皮破损。

(5)不低温使用。在北方或高海拔地区常会有低温天气出现,此时电池如长时间在外放置,温度过低,电池的放电性能会大大降低,工作时间会大大缩短。此时应将报警电压升高(比如单片报警电压调至 3.8 V),因为在低温环境下压降会非常快,报警一响立即降落。同时要给电池做保温处理,在起飞之前电池要保存在温暖的环境中,比如房屋内、车内、保温箱内等。要起飞时快速安装电池,并执行飞行任务。在低温飞行时尽量将时间缩短到常温状态的一半,以保证安全飞行。

7.遥控装置

遥控装置包括遥控发射机和接收机,接收机装在飞行器上。一般按照通道数将遥控器分成六通道、八通道、九通道、十四通道遥控器等。遥控器上的通道数即表示信号模式,一个通道相对应一个信号,这个信号使得飞行器可以做出相应的动作,如前进后退、左转右转,这样都各算一个通道,就像家里的灯一样,不同的开关管理着不同的灯泡、灯管,一个开关控制一路,即一个通道。遥控器通道越多,则表示能控制的功能越多,可以做更多的动作。多旋翼无人机最基本的飞行动作有上升下降(油门)、左右移动(横滚)、前后运动(俯仰)和水平转弯(偏航)等,这些动作各需一个遥控通道,再加上起落架收放、飞控模式转换、云台控制(俯仰、水平转动、横滚等)、相机控制等,共需要大约 9 个通道。更多的通道可以执行更多的动作和实现更多的功能,当然也要更高的成本,要根据实际需要来选择(见图 3.22)。

图 3.22 FUTABA 14SG 2.4GHz 14 通道遥控器

(1)普通航模用遥控器。大部分的民用无人机采用的都是与普通航模遥控器近似的 2.4 G 或 5.8 G 遥控器控制,分亚洲流派(日本手)和欧美流派(美国手),两种操纵方式的区别在于控制油门的操纵杆是在右边(日本手)还是在左边(美国手),固定翼的飞手用日本手较多,而直升机的飞手则习惯采用美国手,两种流派各有利弊。对于新手而言,主要还是取决于周围的群体采用哪种流派飞行的多,这样方便老飞手进行指导和帮助调飞机。市场上主流的多旋翼飞行器一般默认都是美国手(见图 3.23)。

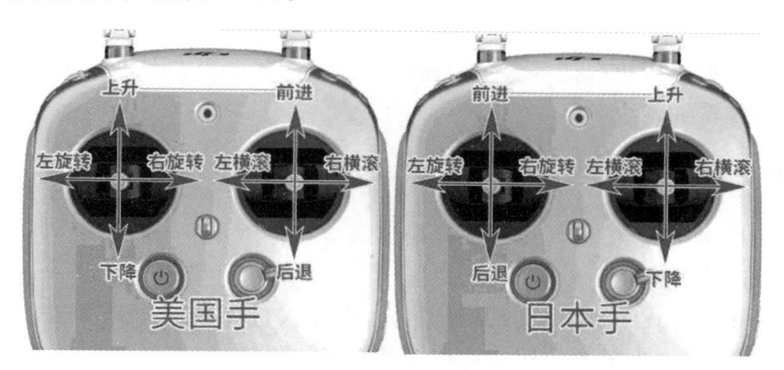

图 3.23　美国手和日本手

例如 FUTABA 14SG 2.4 GHz FASST 系列遥控器适用于大部分的 DIY 机型和专业航拍机。DJI A2 飞控内置 16 通道 DR16 接收机,可以直接与 FUTABA FASST 系列遥控器搭配使用。要实现航拍功能时需外接图传系统和显示器或使用手机、平板电脑作为显示器。

(2) 专用遥控器。与普通航模用遥控器相比,专用遥控器通常集成了图传接收和显示器,一般无法通过更换接收机来使用其它品牌的遥控器,控制方式则与普通航模遥控器一致。专用遥控器一般集成度高,通常采用专用的数字图传技术,清晰度高于模拟图传,不易出现同频干扰导致视频信号丢失。无人机内置图传,可降低新手安装难度和减轻无人机质量,延长飞行时间(见图 3.24)。

图 3.24　DJI 专用遥控器

专业航拍无人机一般同时配备主从两只遥控器,主机由飞手(无人机驾驶员)进行操控,从机由云台手(航拍摄影师)进行操控,也叫“双控”。飞手根据云台手对拍摄画面的要求操控无人机的飞行动作,云台手操控云台相机进行构图和拍摄。使用双控时,云台要调整为“自由模式”(非方向锁定模式),这时飞行器的横滚和转向动作不影响云台的姿态,从机的左摇杆控制云台的俯仰,右摇杆控制云台的方向。

3.2 无人机任务设备

多旋翼无人机根据所执行任务的不同而携带不同的任务设备。航拍无人机任务设备主要有云台、相机、图像传输系统等。

3.2.1 相机和云台

在航拍无人机中,所有的部件可以说都是围绕着相机工作的,而相机的好坏直接决定了拍摄出图片和视频的质量高低。

云台是连接相机和无人机机身的关键部件。在无人机飞行时,由于螺旋桨的高速转动,难免产生高频振动,同时无人机的快速移动也会使得相机也随之运动,如果没有一定的补偿和增稳措施,那么无人机拍摄出的画面将难以稳定和平滑,因此云台在无人机航拍过程中也起到了非常重要的作用。

1.可更换式

当前主流的航拍无人机是采用可更换式云台,可以使用厂家自己推出的航拍相机,或使用第三方如佳能的5D MarkⅢ、松下Lumix DMC-GH4以及BlackMagic Design BMPCC等画质较为出色的数码相机,甚至RED EPIC超高清数字电影摄影机来满足更高拍摄需求。但图传、天线和osd(视频信息叠加系统,用于显示飞行参数等信息)等设备的安装调试需要一定的知识储备,质量较重,影响飞行时间。采用其它品牌相机时,通常不方便控制拍照和视频的切换以及拍摄参数的调整。例如大疆的Zenmuse禅思系列专业航拍云台,结合了三轴陀螺仪、IMU反馈系统和专用伺服驱动模块等单元,搭配A2或WooKong-M系列多旋翼飞控产品使用,获得极佳的效果输出。支持方向锁定控制、FPV模式和非方向锁定控制三种工作模式(见图3.25)。

姿态增稳指云台横滚(ROLL)和俯仰(TILT)方向不跟随飞行器ROLL/PITCH方向变化。

方向锁定模式(跟随模式):当机头方向变化时,云台指向跟随机头指向变化,云台与机头保持相对角度不变。

FPV模式:云台指向与开机时飞行器机头指向一致,云台横滚方向的运动自动跟随飞行器横滚方向的运动而改变,以取得第一人称视角飞行体验。

非方向锁定模式(自由模式):当机头方向变化时,云台指向不跟随机头指向变化,云台与机头保持相对角度可变。

2.不可更换式

随着厂家对于遥控设备和云台的一体化程度的增加,越来越多的无人机也采用了不可更换的航拍相机,与一体化遥控器等设备深度定制。一体化云台相机使用方便,无须调试,适合新手使用。质量较轻,体积较小,有利于增加飞行时间。一套集成相机的云台价格要低于云台

＋高端运动摄像机的组合，可以在飞行时使用 APP 调整拍摄参数，取得更好的拍摄效果。但是要升级相机只能更换整个云台，升级成本较高。

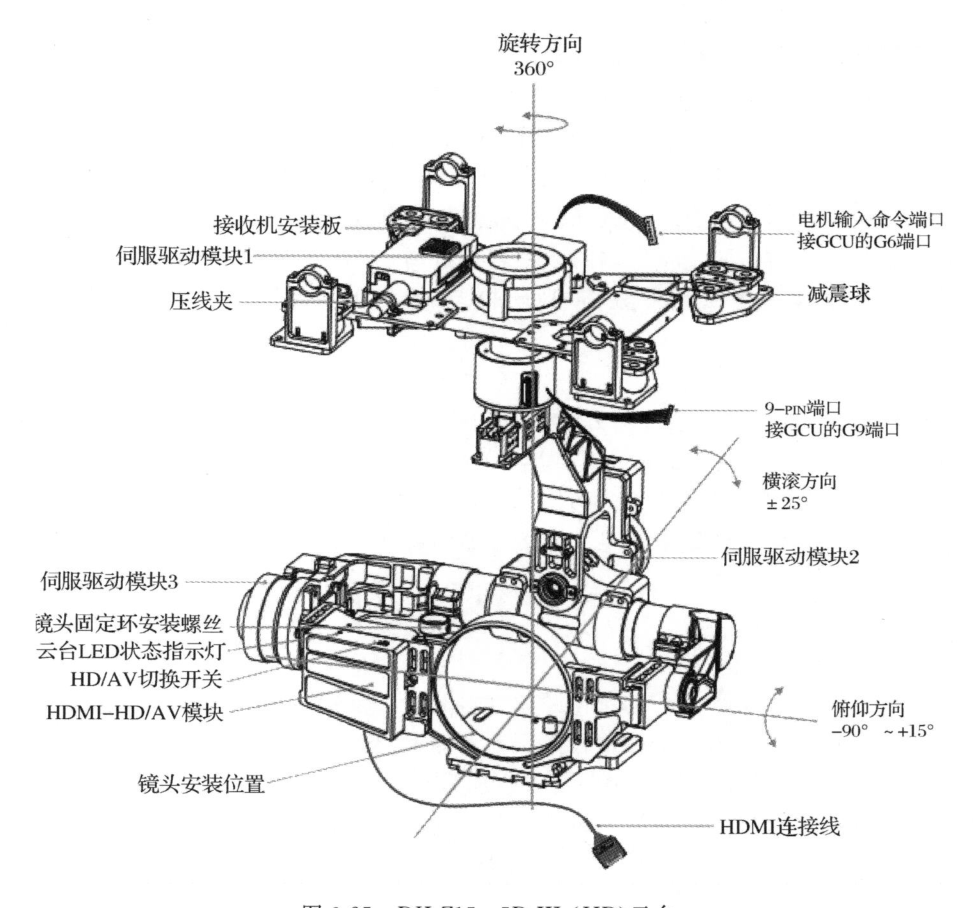

图 3.25　DJI Z15 - 5D III (HD)云台

3.2.2　镜头的选择

航拍相机的镜头一般多选择广角镜头。广角镜头除了拍摄画面视角宽广宏大以外，与云台的搭配和重心的平衡也是重要原因之一。根据相机画幅尺寸和质量的不同，一般选择焦距为 12～24 mm 的镜头，很少使用变焦镜头。例如大疆 Z15 - 5D Ⅲ (HD)云台出厂前已根据 Canon 5D MarkⅢ相机和 Canon EF 24 mm f/2.8 IS USM 镜头完成调试，只需要安装上指定相机和镜头，并把它安装到飞行器上即可使用。不能自行调整云台或者改变其机械结构，也不要为相机增加其他外设(如滤镜、遮光罩)。要使用相机原装电池，以避免云台性能下降或内部线路损坏。

3.2.3　图传

图传指的是视频传输装置，作用是将无人机在空中拍摄的画面实时传输至飞手手中的显示设备上，使得在远距离飞行时飞手能判断无人机状态并获得相机的拍摄画面，以方便取景，正是有了图传后，才在操纵无人机时获得了身临其境的感觉。现有的图传主要有模拟和数字两种，而其组成部分主要有发射端、接收端和显示端三部分。

1. 模拟图传

早期的图传设备采用的都是模拟制式，它的特点是只要图传发射端和接收端工作在一个频段上，就可以收到画面。模拟图传价格低廉，可以多个接收端同时接收视频信号，模拟图传的发射端相当于广播，只要接收端的频率和发射端一致，就可以接收到视频信号，方便多人观看，工作距离较远，以常用的 600 mW 图传发射为例，开阔地工作距离在 2 km 以上。配合无信号时显示雪花的显示屏，在信号微弱时，也能勉强判断飞机姿态。模拟视频信号基本没有延迟，但容易受到同频干扰，两个发射端的频率若接近时，很有可能导致本机的视频信号被别的图传信号插入。模拟图传视频带宽小，画质较差，通常分辨率为 640×480，影响拍摄时的感观。

2. 数字图传

专用的数字图传，它的视频传输方式是通过 2.4 G 或 5.8 G 的数字信号进行。专用数字图传一般集成在遥控器内，只需在遥控器上安装手机或平板电脑作为显示器即可。图像传输质量较高，分辨率可达 720P 甚至 1 080P，实时回看拍摄的照片和视频方便。因为集成在机身内，可靠性较高，一体化设计较为美观。低端产品的有效距离短，图像延迟问题比较严重，影响飞行体验和远距离飞行安全。

3.2.4 视频叠加系统

当操作电视机换台或调整音量、画质的时候，电视屏幕就会显示目前状态的图形或文字符号，里面的控制 IC 可在屏幕上的任何位置显示一些特殊字形与图形，成为人机界面上重要的信息产生装置。在无人机图传系统中，视频叠加系统 OSD(On - Screen Display)用于将飞行器各种状态信息叠加于图传系统传回的图像上。例如飞行器位置信息、飞行速度、动力电池电压甚至每个电芯的电压等。一体式航拍飞行器还可以通过 APP 显示和调整航拍相机各种参数。

大疆 iOSD MARK Ⅱ 视频叠加模块还具有飞行数据记录功能，俗称无人机“黑匣子”，当飞行器出现故障导致坠机等事故时，可通过分析飞行数据判断事故原因(见图 3.26)。

图 3.26 DJI iOSD MARK Ⅱ 视频叠加模块

【资料链接】智能电池

智能电池的功能。

1.解决过放电

为了避免过放电，人们在电池组里增加了过放电保护电路，当放电电压降到预设电压值时，电池停止向外供电。然而实际的情况还要更复杂一些，比如笔记本电脑、无人机、电动汽车，如果因避免电池过放电而立即停止供电，那么电脑就会立即关机，很多数据来不及保存；无人机就会从天上直接掉下来；电动汽车就会在毫无征兆的情况下抛锚。因此，智能电池的放电截止只是电池自我保护的最后一道防线，在此之前，管理电路还要计算出末端续航时间，来为用户提供预警，以便用户有足够的时间来采取相应的安全措施。

以大疆 INSPIRE 1 为例，它采用的智能锂电池在与飞控数据融合后可实现三级电压预警保护措施。

图 3.27　大疆 DJI INSPIRE 1 智能电池

第一级：当检测到电量剩余 30%时，开始报警，提示用户应该注意剩余电量，提前做好返航准备；

第二级：当检测到剩余电量仅够维持返航时，开始自动执行返航；而这个时间点的把握，与飞行距离、高度有关，是智能电池数据与无人机飞控数据融合后实时计算出来的。

第三级：当检测到剩余电量都不足以维持正常返航时(例如返航途中遇到逆风，则有可能超出预估的返航时间)，则执行原地降落，以最大限度避免无人机因缺电导致坠毁。

续航时间的计算结果与飞行距离、飞行高度、当前电机输出功率等因素有关，这些因素都是动态变化的，而且变化幅度有可能很大，所有数据都需要实时计算，这对于智能锂电池管理芯片、算法设计都会提出极高的要求。

2.解决充电和保存问题

目前大量锂电池组采用了多电芯串并形式，由于电芯个体差异，导致充电和放电不可能做到 100%均衡，因此一套完善的充电管理电路就显得尤为必要了。而这，就是智能锂电池要具备的第二项功能——对锂电池组进行完善的充电管理以及放电管理。

大疆 INSPIRE 1 的智能锂电池实际上已内置了一个锂电池的专用充电管理电路，并且能够对电芯单体进行电压均衡管理。故而，对于充电器(电源适配器)的要求就并不那么高了，只要提供合适的充电电压和充电电流，就能够对该智能锂电池进行充电。因此 INSPIRE 1 所搭配的所谓充电器，其实质只是一个电源适配器，真正的充电管理电路在电池里面。

该智能锂电池还具有自放电功能。当电池电量大于 65%无任何操作放置 10 天后，电池会启动自放电程序，将电量放到 65%，以便于锂电池长时间保存。自放电时间间隔还能通过 App 进行设置。

3.解决电池电量检测问题

传统的电池要检测电压，需要额外连接检测装置，比如电压表等等，而且这种检测不能在飞行过程中实时进行。有没有更方便、更直观的方式，来让用户知晓电池的实时剩余电量以及其它信息呢？是的，这就需要电池管理电路来完成了。

大疆 INSPIRE 1 的智能锂电池通过 4 颗 LED 灯直观提示用户电池的当前剩余电量，实时显示，在飞行过程中也能显示。通过数字图传，实时回传电压数据，甚至能够在 APP 里查看电池组单体的电压。而且能够记录电池历史数据，比如使用次数、异常次数、电池寿命等。如果电池异常，能够通过 LED 灯进行提示，例如短路、充电电流过大、电压过高、温度过高、温度过低等。

4.解决电极触点老化问题

当把普通锂电池连接到无人机上的那一瞬间，插头会冒出火花，并伴随打火的响声。时间一长，插头的连接可靠性就降低了，会导致插头发热，甚至空中熔解。因插头老化问题导致无人机坠毁的案例并不少见。

当把智能电池安装到飞行器上时，电极触点并不会真正放电，因此不会产生火花，也不会产生电蚀现象，这样一来，接触点的寿命就能获得提升。通过点按电池上的轻触开关按钮，电池才会真正进入电力输出状态，关闭电池时，也是通过轻触开关按钮来执行的。

5.解决电池版权问题

智能锂电池使电池版权得到了很好的保护，无人机只能使用原厂提供的锂电池，电池品质能够得到比较好的保证，一致性也较好，可靠性理论上也更好。但随之带来的是电池成本的提高，增加了消费者负担。

思考与练习题

1.多旋翼无人机由哪些部分组成？

2.无人机是如何测定高度的？

3.GPS 是如何定位的？

4.锂聚合物电池如何正确使用和保养？

5.智能云台的作用是什么？

第4章 无人机的操控

4.1 无人机操控概述

4.1.1 飞行前检查

在操作无人机飞行前要对无人机的各个部件做相应的检查，无人机的任何一个小问题都有可能导致在飞行过程中出现事故或损坏。因此在飞行前应该做充足的检查，防止意外发生。本节仅以多旋翼无人机的检查操作为说明对象。

1.飞行前的检查

(1)上电前应先检查机械部分相关零部件的外观，检查螺旋桨是否完好，表面是否有污渍和裂纹等(如有损坏应更换新螺旋桨，以防止在飞行中飞机震动太大导致意外)。检查螺旋桨旋向是否正确，安装是否紧固，用手转动螺旋桨查看旋转是否有干涉等。

(2)检查电机安装是否紧固，有无松动等现象(如发现电机安装不紧固应停止飞行，使用相应工具将电机安装固定好)，用手转动电机查看电机旋转是否有卡涩现象，电机线圈内部是否干净，电机轴有无明显的弯曲。

(3)检查机架是否牢固，螺丝有无松动现象。

(4)检查云台转动是否顺畅，云台相机是否安装牢固。

(5)检查飞行器电池安装是否正确，电池电量是否充足。

(6)检查飞行器的重心位置是否正确。

(7)检查各个接头是否紧密，插头和焊接部分是否有松动、虚焊、接触不良等现象。

(8)检查各电线外皮是否完好，有无刮擦脱皮等现象。

(9)检查电子设备是否安装牢固，应保证电子设备清洁、完整，并做必要的防护(如防水、防尘等)。

(10)检查电子罗盘、IMU等的指向是否和飞行器机头指向一致。首次飞行或本次飞行场地和上一次飞行场地有较大变动时，起飞前必须进行指南针校准。

(11)检查电池有无破损、鼓包胀气、漏液等现象(如出现上述情况，应立即停止飞行，更换电池)，测量电池电压容量是否充足(建议每次飞行前都应把电池充满电)。

(12)检查遥控器设置是否正确，遥控器电池电量是否充足，各挡位是否处在相应位置，各摇杆微调是否为0，上电前油门应处于最低位置。

2.上电后的检查

飞行器通断电顺序：起飞前先接通遥控器电源，再接通飞行器电源；降落时先断开飞行器电源，再关闭遥控器电源。

(1)检查电调指示音是否正确，LED 指示灯闪烁是否正常。以大疆 S1000^{+} 使用 A2 飞控为例，遥控器、飞控系统上电，拨动控制模式开关，观察 LED 灯，如图 4.1 所示(括号中数字表示 LED 灯快闪次数)。控制模式灯之后，有闪灯指示 GPS 信号状态，等待 LED 只有一闪红灯或者不闪红灯才起飞，如图 4.2 所示。

控制模式开关	GPS姿态模式	姿态模式	手动模式
LED	●(有摇杆不在中位●(2))	○(有摇杆不在中位○(2))	不闪模式灯
设置	进行基础飞行测试时，请将控制模式开关拨到GPS姿态模式。 注意：在GPS信号丢失3秒后(LED◉(2)或◉(3))，系统自动进入姿态模式。		

●紫灯 ○黄灯 ◉ 红灯 ◎蓝灯

图 4.1　不同控制模式时 LED 指示灯状态

GPS信号状态指示			
极差(GPS < 5)：◉(3)	差(GPS = 5)：◉(2)	良(GPS = 6)：◉(1)	优(GPS > 6)　不闪灯

●紫灯 ○黄灯 ◉ 红灯 ◎蓝灯

图 4.2　GPS 指示灯状态

(2)检查各电子设备有无异常情况(如异常震动，异常声音，异常发热等)。

(3)检查云台工作是否正常。

(4)解锁轻微推动油门，观察各个电机是否旋转正常。

3.飞行环境安全性评估检查

这里主要从五点出发。一是电线这种不易被观察到的障碍物，最好先用望远镜排查一遍；二是环境中是否存在干扰源，如信号发射台、高压电线、铁矿等等；三是飞行路线要避开阻碍信号传输的障碍物，如小山、建筑物、较高楼群；如果用 GPS 模式飞行还要注意是否存在类似天花板这种阻碍卫星信号的环境；四是飞行路线尽量避开街道、人群、水面等危险区域；五是测试风力，五级以上风力尽量不要飞行作业。

4.1.2　起飞和降落

起飞与降落是飞行过程中首要的操作，虽然简单但也不能忽视其重要性。首次飞行要进行指南针校准，否则飞控系统无法正常工作。GPS 中的指南针读取地磁信息辅助 GPS 进行飞行器定位，在飞行器飞行过程中起重要作用。但是指南针容易受其它电子设备干扰，导致指南针数据异常，影响飞行性能，甚至导致飞行事故。首次使用时，必须进行校准，指南针才能正常工作。经常校准可以使 GPS 工作在最优状态。实施指南针校准时要注意不能在强磁场区域进行，比如磁场、停车场、带有地下钢筋的建筑区域。校准时不要随身携带钥匙、手机等铁磁物质。指南针校准要选择空阔场地,校准步骤如图4.3所示。

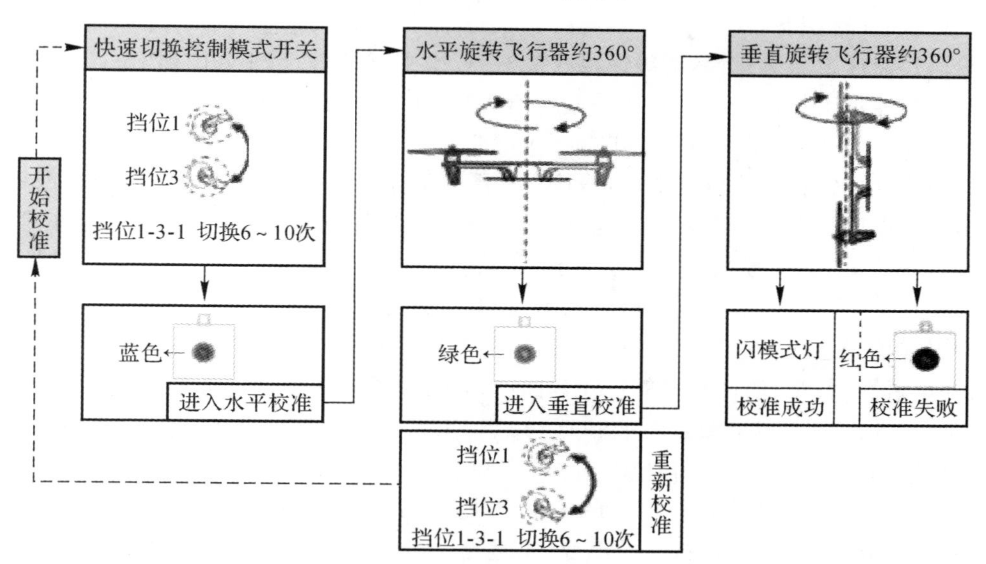

图4.3　指南针校准步骤

出现以下情况时需要重新校准指南针:

(1)指南针数据异常,LED灯出现黄绿交替闪烁;

(2)飞行场地变更,与上一次飞行场地相距较远;

(3)机械安装变化,GPS指南针模块安装位置变更、主控、舵机、电池等添加、移除、移位,机架的机械结构变更;

(4)飞行时飞行器漂移比较严重,或者不能直线飞行;

(5)飞行器调头时LED指示灯显示姿态错误(偶有发生属于正常)。

1.起飞

在执行完飞行前所有检查项目和指南针校准后,将飞行器放置到空旷场地,在GPS模式下等待飞控系统搜索到6颗或6颗星以上,LED灯显示1个红灯或不闪灯。驾驶员远离无人机10 m,掰杆启动电机。启动(停止)电机动作有四种,任何一种都可以启动或停止电机(见图4.4)。

图4.4　电机启动(停止)操作动作图

若当电机无法启动时,按以下步骤进行故障排查:

(1)在主控无法读取IMU和GPS版本,或者IMU与主控版本不匹配、GPS与主控版本不匹配等情况下,电机均无法启动,需要升级IMU、GPS或主控固件。

(2)遥控器校准意外退出,遥控器校准时遥控器数值不正确,遥控器校准后中位偏差过大,都需要重新校准遥控器。

(3)遥控器通道映射错误,请确保接收机的A/E/T/R/U通道正确映射。

(4)主控器被锁住,请解锁主控,并重新确认调参中的参数配置。

(5)IMU未连接时,电机将无法启动。

(6)指南针异常将无法启动电机,请检查周围环境是否干扰过大,并重新校准指南针。

(7)在调参中设置了限高限远功能时,若飞行器在姿态模式飞到了限远距离之外然后停止电机之后,在GPS姿态模式将会无法重新启动电机。

(8)飞行器LED指示灯闪白灯,姿态不佳,电机将无法启动。

(9)遥控器未连接,电机将无法启动。

启动电机后,横滚、俯仰和偏航杆立刻回中,同时缓慢推动油门杆使无人机起飞。注意:飞控系统上电36 s、GPS卫星颗数大于等于6颗,LED显示一个红灯或不闪灯10 s后,第一次启动电机推油门杆时,飞控系统自动记录当前飞行器位置。当GPS信号良好,无红灯闪烁时,LED灯会出现紫灯,在距离返航点8 m内,可根据LED紫灯快闪5次确定返航点位置。

在无人机起飞后,不能保持油门不变,而是无人机到达一定高度,一般离地面约1 m后开始降低油门,并不停地调整油门大小,使无人机在一定高度内徘徊。这是因为有时油门稍大无人机上升,有时稍小无人机下降,必须将油门控制好才可以让无人机保持飞行的高度。在飞行过程中,要用摇杆适当调整飞行器的运动状态,如图4.5所示。

在GPS模式下或者姿态模式下,当达到希望的高度时,保持油门/横滚/俯仰/尾舵摇杆处于中位,飞行器可处于悬停状态。

2.降落

飞行器降落时要控制下降速度,最好是缓慢下降,防止飞行器落地的撞击损坏飞行器。

降落时,同样需要注意操作顺序:降低油门,使飞行器缓慢的接近地面,离地面5~10 cm处稍稍推动油门,降低下降速度;然后再次降低油门直至无人机触地(触地后不得推动油门);油门降到最低,锁定飞控。相对于起飞来说,降落是一个更为复杂的过程,需要反复练习。在降落的操作中还需要注意保证无人机的稳定,飞行器的摆动幅度不可过大,否则降落时,有打坏螺旋桨的可能。

3.升降练习

简单的升降练习不仅可以锻炼对油门的控制,还可以让初学者学会稳定飞行器的飞行。在练习时注意场地有足够的高度,最好在户外进行操作。

(1)上升练习(姿态模式)。上升过程是无人机螺旋桨转速增加,无人机上升过程。这时主要的操作杆是油门操作杆(美国手左侧摇杆的前后操作杆为油门操作,日本手右侧操作杆的前后为油门操作)。练习上升操作时,假定已经起飞缓缓推动油门,此时无人机会慢慢上升,油门推动越多(不要把油门推动到最高或接近最高),上升速度越大。

在达到一定高度时或者上升速度达到自己可操控限度时停止推动油门,这时,会发现无人机依然在上升。若想停止上升,必须降低油门(同时注意,不要降低得太猛,保持匀速即可)直至无人机停止上升。然而这时会发现无人机开始下降,这时需要推动油门让无人机保持高度,反复操作后飞行器即可稳定。

(2)下降练习(姿态模式)。下降过程同上升过程正好相反。下降时,螺旋桨的转速会降低,无人机会因为缺乏升力开始降低高度。在开始练习下降操作前,确保无人机已经达到了足够的高度,当飞行器已经稳定悬停时,开始缓慢地下拉油门。注意,不能将油门拉得太低。在飞行器有较为明显的下降时,停止下拉油门摇杆。这时飞行器还会继续下降。同时,注意不要让飞行器过于接近地面,在到达一定高度时开始推动油门迫使飞行器下降速度减慢,直至飞行器停止下降。这时会出现上升操作类似的情况,无人机开始上升,这时又要降低油门,保持现有高度,经过反复几次操作后飞行器保持稳定。

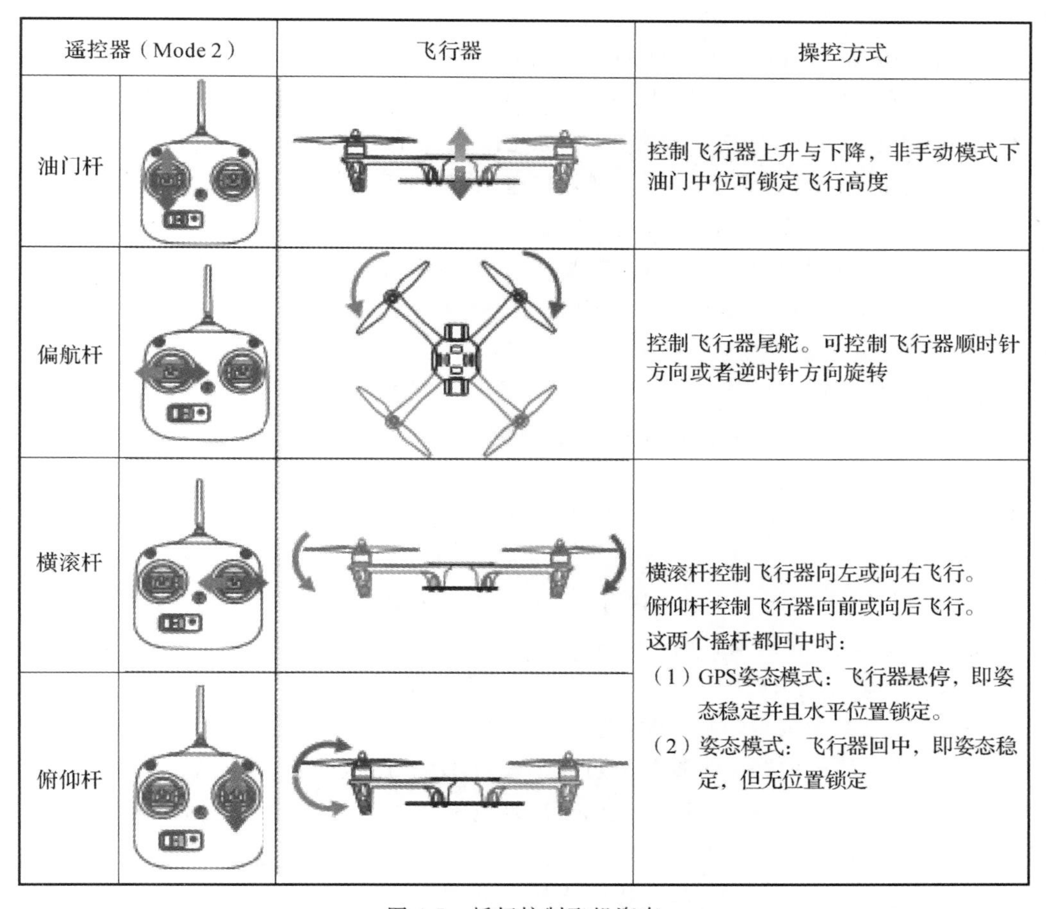

图 4.5　摇杆控制飞机姿态

在这个过程中如果下降的高度太多,或者快要接近地面,但是无人机无法停止下降,需要加快推动油门速度(操控者要自行考量应该要多快)。但是注意查看飞行器姿态,若过于偏斜,则不可加速推动油门,否则有危险。

在这里可以看出无人机的下降过程不同于上升过程。因为上升时需要螺旋桨的转速提供升力,而且在户外,一般没有上升的限制,而下降则不同,螺旋桨提供的升力成了辅助用力,下降过程主要靠重力作用在下降。因此对于下降来说更加难以操作,需要多加练习才有可能很好地掌握。

4.飞行过程中的注意事项

(1)飞手应时刻清楚飞行器的姿态、飞行时间、飞行器位置等重要信息。

(2)确保飞行器和人员处于安全距离。

(3)确保飞行器有足够的电量能够安全返航。

(4)若进行超视距飞行,应密切监视地面站中显示的飞行器姿态、高度、速度、电池电压、GPS 卫星数量等重要信息。

(5)若飞行器发生较大故障不可避免发生坠机可能时,要首先确保人员安全。

(6)飞行器飞行结束降落后,确保遥控器已加锁,然后切断飞机电源,再切断遥控器电源,最后关闭其它各类电子设备电源。

(7)飞行后检查电池电量,检查飞行器外观,检查机载设备。

(8)飞行过程中可能出现异常闪灯情况:低电压报警,LED 黄灯快闪或者红灯快闪;失控保护模式,LED 蓝灯快闪;指南针异常,黄绿灯光持续闪烁;IMU 错误,绿灯快闪 4 次。

(9)如果起飞前检测到 PMU 断开,则阻止电机启动,无法起飞,并且 LED 闪系统错误灯,红灯四闪。必须保证 PMU 连接正常之后再起飞。

(10)如果飞行过程中检测到 PMU 断开,则只有 LED 闪系统错误灯,也就是红灯四闪,这种情况要尽快降落并重新连接 PMU。否则,飞行控制系统不能读取电池电压值,无法进行低电压保护。

5.失控保护及返航

失控保护指在丢失遥控器信号和对飞行器的控制权时,飞控系统仍能自动控制飞行器,以免造成伤害。

为了安全起见,可以在调参软件中设置失控返航的开关或者设置失控的情况下飞机返航高度及悬停等状态。

(1)自动返航的工作模式。在 GPS 信好良好,指南针工作正常,且飞行器成功自动或手动记录了返航点后,如果遥控器信号中断超过 3 s,或者电池低电量提示(红灯持续快闪)超过 10 s,飞控系统将接管飞行器控制权,控制飞行器飞回最近记录的返航点。

如果在返航过程中信号恢复正常,返航过程仍将继续,但可以通过遥控器控制飞行航向,且可短按遥控器智能返航键取消返航。自动返航过程中直线返回返航点上方,飞行器无法躲避障碍物。也就是说,实现自动返航,起码要满足以下基本条件:一是 GPS 信号良好。如若信号欠佳或者 GPS 不工作时,则无法实现返航。二是已经正确记录最近的返航点。尤其要注意的是,飞前设置合理的失控返航高度,因为无法自动避障;返航过程中,要适时控制航向或切换手动模式。

设置适当的返航高度。可根据地图大致了解一下飞行地点周围的建筑物高度、密度,然后根据环境需要,来设定飞机失控后的行为动作。因为飞机在自动返航过程中无法自动避障,如果设置为失控返航,就必须设置一个比较合理的返航高度,避免飞行器在自动返航时碰撞到建筑物而导致炸机。如果设置返航高度过高,飞机就需要先垂直上升到预设的高度再返航,整个返航过程的耗电量会大幅增加,导致飞行器在返航或下降过程中电池耗尽而导致炸机。因此,根据设置的返航高度,可适当调整一下低电量的一级和二级警告线的电压设置。

留意低电量自动返航提示。当出现低电量返航提示时如果没有手动取消返航提示,过 10 s后飞机会执行自动返航指令,先上升到所设定的返航高度,然后执行返航。

如果在低电量提示后想要手动降落飞机,需要先取消自动返航的提示,若飞机在自动返航过程中需要先短按遥控器上的返航键重新获得控制权，进行手动降落操作。但是，在严重低电量的情况下，不可手动取消返航。

（2）自动返航的其它注意事项。

1）降落点可能没那么准确，因此下降过程中可能需要手动控制一下落点，让飞机降到合适降落的平整的地方。

2）如果按返航键的时候，飞机高度低于预先设置的返航高度，飞机会先升高再返航，这时候，需注意飞机上面有没有障碍物。如果有，飞机准备上升再返航时可以拉一下油门停止升高。

3）有时候自动降落时速度有点快，特别是快落地时，这时候最好控制一下油门让飞机落慢一点。

建议在遇到紧急情况时，选择开启一键返航开关，而非通过关闭遥控器实现失控返航。在返航过程中要确保无高大建筑物遮挡，并且飞手已经熟悉重新获得控制权方法。完整的失控返航过程如图 4.6 所示。

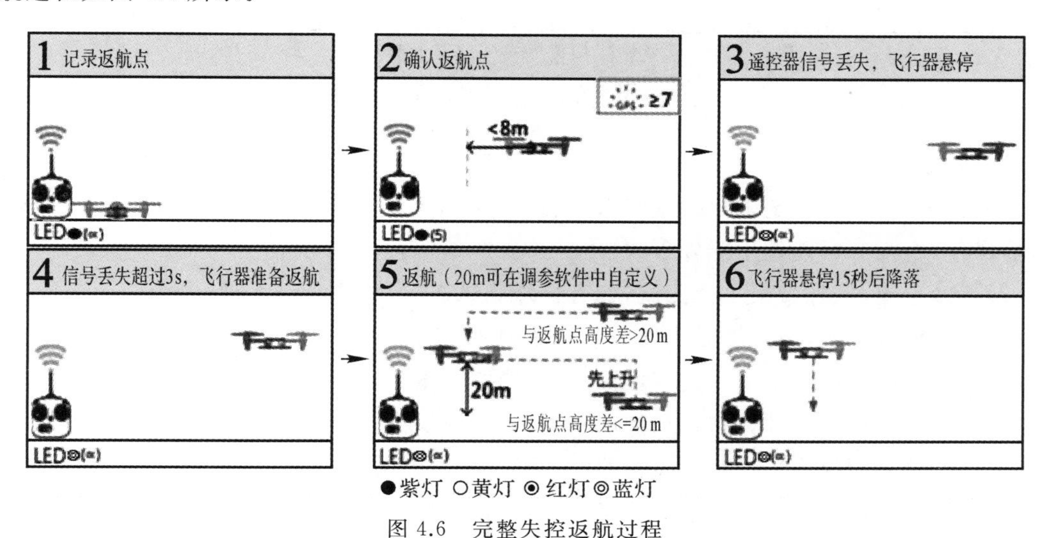

图 4.6　完整失控返航过程

飞机在失控返航过程中，在 GPS 姿态模式和手动姿态模式下，如果信号恢复，切换一次控制模式开关，就可以重新获得控制权。在姿态模式和手动模式下，只要信号恢复，就会立即获得控制权。

6.电池维护及低电压保护

（1）电池维护。锂电池长期不使用时应将电池进行放电处理，单片电芯的保存电压建议维持在 3.8 V 左右。否则会对电池的使用寿命产生影响。锂电池单片的满电电压不能超过 4.2 V，过度的充电有可能导致电池鼓包甚至会有爆炸的危险。锂电池充电时应注意充电电流不能太大，不应超过电池规定的充电电流。锂电池应远离易燃易爆物品存放。

（2）低电压保护。低电压的保护主要用于飞行时电压过低时报警，提醒用户及时飞回或降落飞行器，以免对飞行器造成损害。使用该功能需要在调参软件→高级→电压页面开启此功能并设置两级电压保护值。电压保护的设置如图 4.7 所示。

“自动返航降落”使用说明：低电压保护的返航点的记录方式和失控保护中的返航点记录为同一点。另外当模式开关位于第三挡（无论设置为手动模式或姿态模式）；GPS 信号不好（小于 6 颗星）；飞行器离返航点距离小于 25 m，高度低于相对于返航点 20 m 的情况下，飞机不会执行自动返航降落。

“下降”使用说明：遥控器油门杆在中位时，飞行器无法保持悬停。此时，如果继续向上推动油门杆到达杆量的 90%时，飞行器会缓慢上升，俯仰、横滚和尾舵控制仍可正常工作。

在飞行中要密切关注电压情况，确保电池电量能满足飞回飞行器。一旦电压过低，飞行器动力不足，将引起坠机等严重后果。若在失控返航过程中和地面站控制模式过程中发生二级低电压报警，飞行器将自动下降。

两级保护		设置	使用条件	LED	飞行器动作
	一级报警	LED报警	……	○(∝)	无
		自动返航降落	需记录返航点，并且确保返航过程没有障碍物	○(∝)	自动返航降落
	二级报警	LED报警	……	◉(∝)	无
		下降	……	◉(∝)	自动下降

●紫灯 ○黄灯 ◉红灯◎蓝灯

图 4.7　电压保护设置

7.安全提醒

（1）调试飞行器时一定确保螺旋桨未安装于电机上（禁止螺旋桨安装于电机上时进行调试飞行器操作，否则有可能发生意外事故）。

（2）严禁室内、室外带桨手持测试，如有特殊测试需求，请务必带上护目镜。

（3）严禁近身起飞，飞行器起飞请务必保持距离 10 m 以上。

（4）严禁地面突然急推油门起飞，避免飞行器姿态出错，不可控撞向人群。

（5）严禁非测试飞手外其它人员擅动遥控器，避免误操作导致意外发生。

（6）严禁任何情况下手接降落飞行器。

（7）严禁飞行器降落后，桨未停转或未自锁时拿起飞行器，务必保证飞行器自锁后再行移动。

4.1.3　GPS 模式、姿态模式、手动模式飞行

1.GPS 模式

GPS 模式也叫定位模式，飞机利用卫星信号，使用 GPS 模块来实现定点，自动修正偏移，实现精准悬停或飞行。

2.姿态模式

不用 GPS 模块，飞机不能定点悬停，不能自动修正偏移，能在一定程度上定高。飞控只是保证飞机的平衡。

3.手动模式

飞机在空中不定高，也不定点，飞机不能保持平衡，飞机在空中的姿态完全靠驾驶员控制。

4.举例：大疆无人机“悟”的三种飞行操作模式

(1)P 模式(定位):使用 GPS 模块或视觉定位系统以实现飞行器精确悬停。根据 GPS 信号接收强弱状况,P 模式在以下三种状态中动态切换:P - GPS:GPS 卫星信号良好,使用 GPS 模块实现精确悬停。P - OPTI:GPS 卫星信号欠佳或在室内无 GPS,使用视觉定位系统实现精确悬停。P - ATTI:GPS 卫星信号欠佳,且不满足视觉定位条件,提供姿态增稳。

(2)A 模式(姿态):不使用 GPS 模块与视觉定位系统进行定位,仅提供姿态增稳,若 GPS 卫星信号良好可实现返航。

(3)F 模式(功能):辅助功能模式,激活智能飞行功能。F 模式,目前只有 IOC 可用,也就是智能方向控制,以起飞时候的机身摆放确定前后左右,起飞后不管机头朝向,只要向上拨前后摇杆,飞机就往远飞,向下拨动摇杆飞机就往近飞,向左拨动摇杆飞机就往起飞前的左侧飞,向右拨动飞机就往右侧飞,相当于无头模式。

IOC 功能说明:在 F 模式下,用户可选择使用 IOC 智能航向控制功能。IOC 智能航向控制功能可以更方便地控制飞行器机头朝向。IOC 提供三种航向模式:

1)航向锁定(course lock):记录航向时的机头朝向为飞行前向,飞行过程中飞行器航向和飞行前向与机头方向改变无关,无须关注机头方向即可简便控制飞行器飞行。

2)返航点锁定(home lock):记录返航点后可简便控制飞行前向或远离返航点,飞行航向与机头无关。

3)兴趣点环绕(point of interest):记录兴趣点后可简便控制飞行器围绕兴趣点飞行,打横滚和俯仰杆控制飞行器时,机头将一直指向兴趣点。

IOC 功能使用条件:使用 IOC 智能航向控制功能前,需要检查 GPS 信号是否良好,以及确认飞行距离是否满足需求。具体条件:航向锁定(course lock)不依赖 GPS,飞行距离无限制;返航点锁定(home lock)依赖 GPS,飞行器到返航点的飞行距离要大于 10 m;兴趣点环绕(point of interest)也要依靠 GPS,飞行器与兴趣点的飞行距离限制为 5～500 m 范围。

使用 IOC:进入 DJI PILOT App 设置页面,打开“允许航向锁定模式”以启动 IOC,拨动遥控器上飞行模式切换开关至“F 模式”,然后根据 DJI PILOT App 提示进行操作。

4.1.4　四位悬停、水平 360°、水平 8 字飞行

悬停是指航空器在一定高度上保持空间位置基本不变的飞行状态。

1.四位悬停

飞机在空中保持高度,机头或机尾分别朝向东南西北四个方向定点按矩形航线飞行,在矩形的每个点悬停,不飘不移。具体操作方法:

(1)保持飞行器的电池(机尾)对着自己,控制飞行器在一个矩形的航线上顺时针飞行,在矩形的每个点上稍作悬停,再飞到下一个点上(见图 4.8)。

(2)保持飞行器的电池(机尾)对着自己,控制飞行器在一个矩形的航线上逆时针飞行,在矩形的每个点上稍作悬停,再飞到下一个点上(见图 4.9)。

(3)保持飞行器的电池(机尾)对着自己左侧,控制飞行器在一个矩形的航线上顺时针飞行,在矩形的每个点上稍作悬停,再飞到下一个点上(见图 4.10)。

(4)保持飞行器的电池(机尾)对着自己右侧,控制飞行器在一个矩形的航线上逆时针飞

行，在矩形的每个点上稍作悬停，再飞到下一个点上（见图 4.11）。

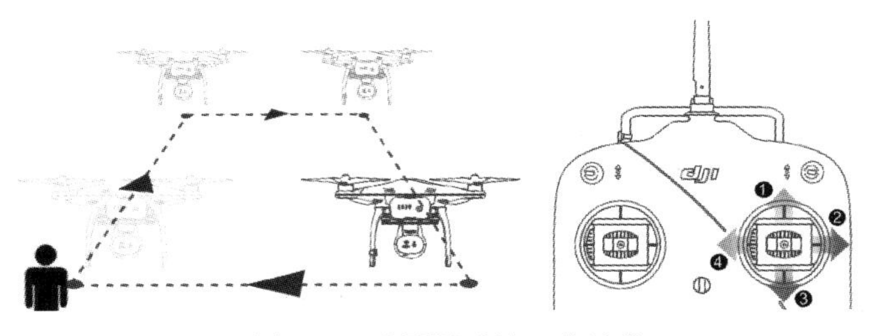

图 4.8　对尾顺时针四位悬停

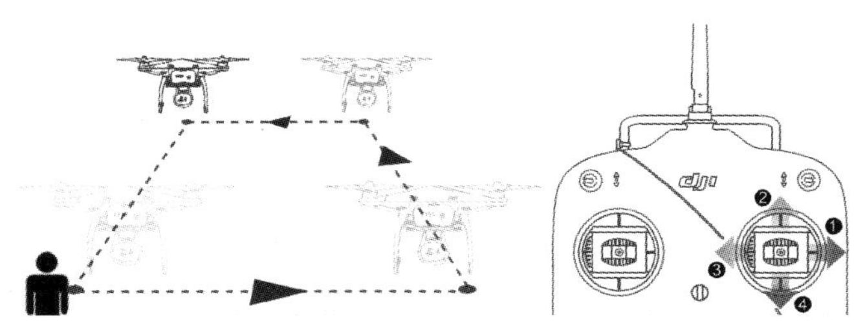

图 4.9　对尾逆时针四位悬停

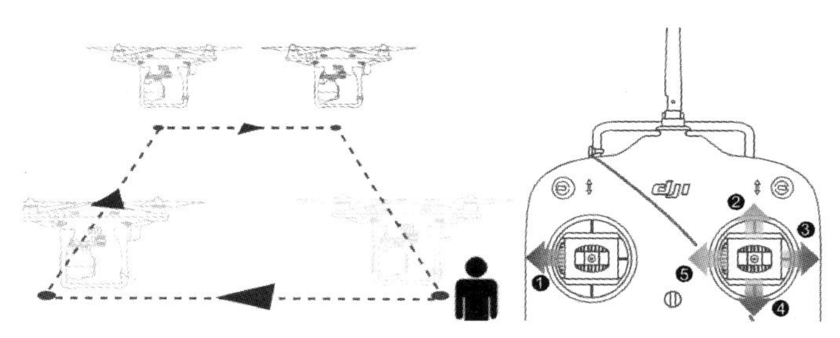

图 4.10　对尾左侧顺时针四位悬停

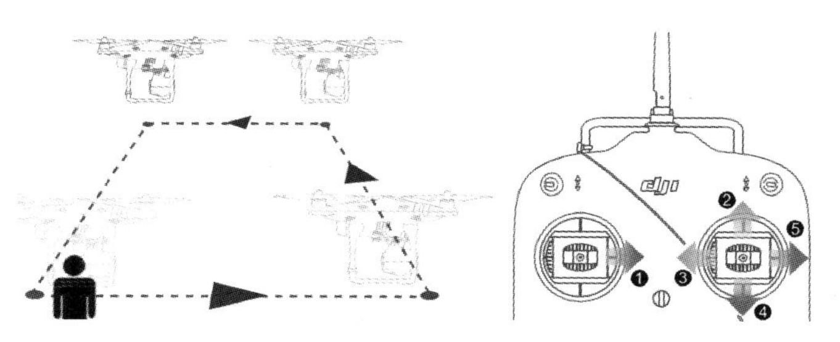

图 4.11　对尾右侧逆时针四位悬停

(5)保持飞行器的机头（云台相机镜头方向）对着自己，控制飞行器在一个矩形的航线上顺时针飞行，在矩形的每个点上稍作悬停，再飞到下一个点上（见图 4.12）。

(6)保持飞行器的机头（云台相机镜头方向）对着自己，控制飞行器在一个矩形的航线上逆时针飞行，在矩形的每个点上稍作悬停，再飞到下一个点上（见图 4.13）。

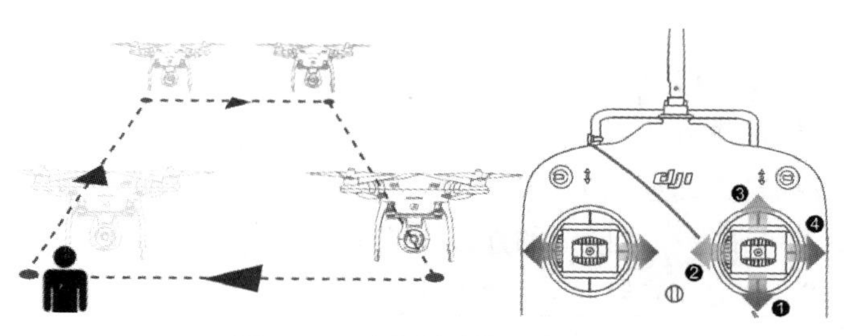

图 4.12　对头顺时针四位悬停

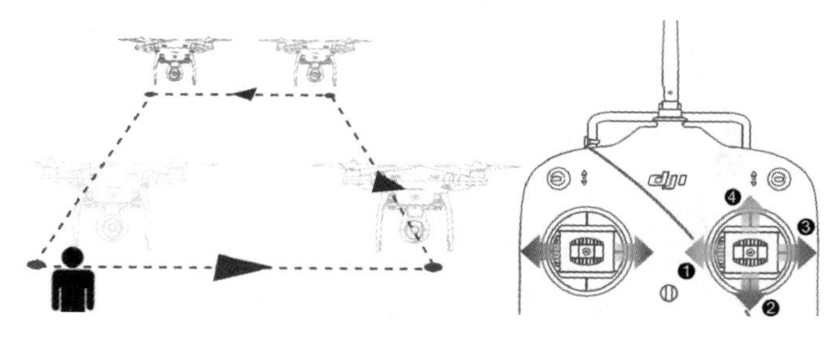

图 4.13　对头逆时针四位悬停

2.水平 360°

飞行器空中保持高度，定点悬停，机头以飞行器中心为轴心飞行器原地自转一圈。具体操作方法：

(1)飞行器升空后悬停，保持飞行器的电池对着自己，控制飞行器原地顺时针旋转 360°(见图 4.14)。

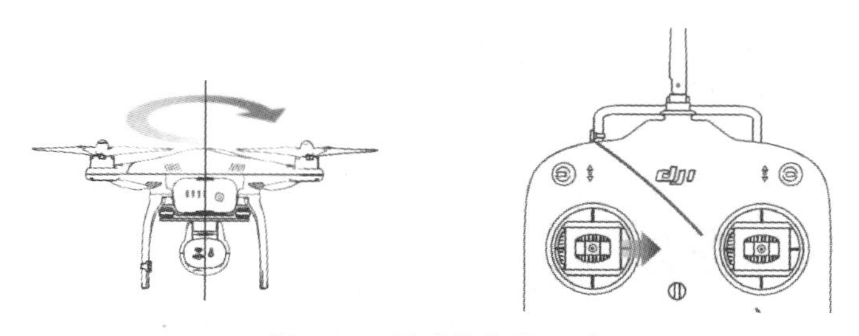

图 4.14　顺时针水平 360°

(2)飞行器升空后悬停，保持飞行器的电池对着自己，控制飞行器逆时针原地旋转 360°(见图 4.15)。

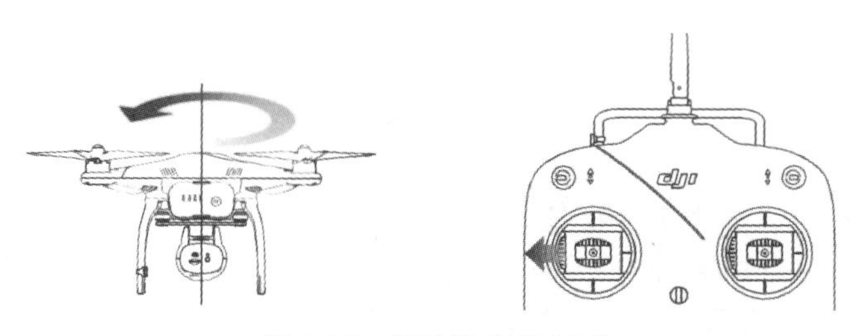

图 4.15　逆时针水平 360°

3.水平8字飞行

飞机在空中保持高度，悬停定点，机头以此点为中心顺时针或逆时针平行于地面飞行，飞行轨迹为8字形。具体操作方法：

飞行器升空后飞到自己的正前方，飞行器悬停，保持飞行器相机镜头（机头）一直指向飞行器飞行的前方，控制飞行器在一个圆形的航线上逆时针飞行，经过圆形出发点后逆时针做圆形航线飞行回到两个圆形的交汇点悬停，完成8字飞行（见图4.16）。

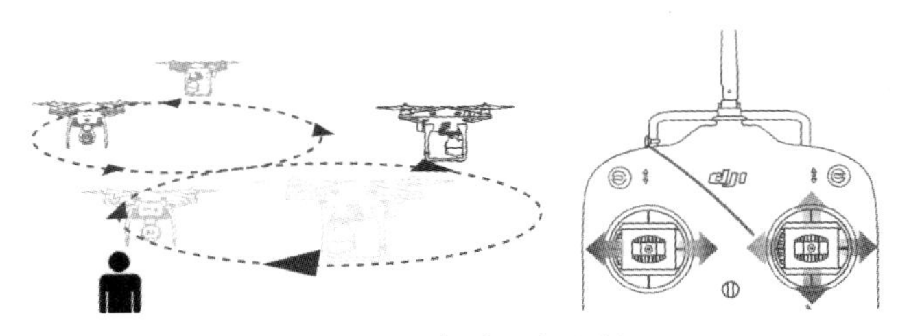

图4.16　水平8字飞行

要求：①飞行过程注意使飞行器高度不变，并尽量保持航线是圆形的。②两个圆的交叉点尽量保持为飞行器悬停并开始飞行的原点。③飞行中速度要慢，以便能及时修正机头方向。

安全提醒：针对以上3种飞行操作，初学者应在GPS模式下练习熟练后再切换到姿态模式或手动模式练习。

4.1.5　飞行基础练习

1.基础练习一（对尾悬停）

无人机尾部朝向飞手，升空完成悬停，尽量保持在定点不跑。这是最基本科目，99％的飞手都从该项开始无人机飞行。使无人机机尾部朝向自己，能够以最直观的方式操控飞机，降低由于视觉方位给操控带来的难度（见图4.17）。

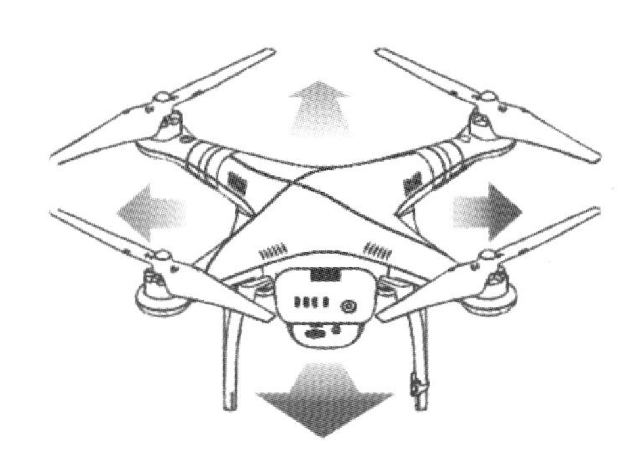

图4.17　对尾悬停

对尾悬停可在初期锻炼飞手在操控上的基本反射，熟悉飞机在俯仰、滚转、方向和油门上的操控。完成对尾悬停练习，意味着飞手从“不会玩”正式进入“开始玩”的阶段。

要领：请尽量保持定点悬停，控制飞机基本不动或尽量保持在很小的范围内漂移。

培养在飞机有偏移的趋势时就能给予纠正的能力，这对后面的飞行至关重要。切忌盲目自我满足，认为能控制住飞机不炸就是成功了，飞机飘来飘去也不及时纠正。这样会对以后的飞行造成较大困难。

练习虽然枯燥，但飞好对尾悬停非常重要，如果觉得自己过关了，那么在 5 级风下再试试。

2.基础练习二(侧位悬停)

无人机升空后，相对于操控手而言，机头向左(左侧位)或向右(右侧位)，完成定点悬停。这是对尾悬停过关后，首先要突破的一个科目。

侧位悬停能够极大地增强飞手对飞机姿态的判断感觉，尤其是远近的距离感。对于一个新手来说，直接练习侧位悬停的风险很大，因为飞机横侧方向的倾斜不好判断。可以从 45°斜侧位对尾悬停开始练习，这样可以在方位感觉上借助对尾悬停继承下来的条件反射。在斜侧位对尾完成后，逐渐将飞机转入正侧位悬停，会觉得较容易完成。

需要指出的是，一般人都有一个侧位是自己习惯的方位(左侧位或右侧位)，这是正常的。但不要只飞自己习惯的侧位，一定要左右侧位都练习，直到将两个侧位在感觉上都熟悉为止。侧位悬停的难度要比对尾悬停高，可认为 4 级风下保持 3 m 直径的球空间内完成 7 s 以上的定点悬停，就是过关。

飞好侧位悬停后，意味着小航线飞行成为可能，操控手终于可以突破悬停飞行的枯燥转而进入航线飞行(见图 4.18)。

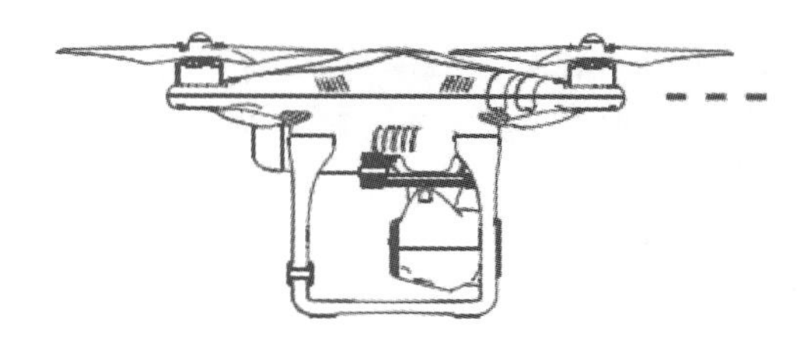

图 4.18　侧位悬停

3.基础练习三(对头悬停)

无人机升空后，相对于操控手而言，机头朝向操控手，完成定点悬停。(虽然完成侧位悬停后，理论上可以进行小航线飞行，但仍建议先将对头悬停练习熟练)。对于新手而言，对头悬停是异常困难的，因为除了油门以外，其它方向的控制对于操作手的方位感觉来说，跟对尾悬停相比似乎都是相反的。尤其是前后方向的控制，推杆变成了朝向自己飞行，而拉杆才是远离。新手如果不适应犯错的话，是非常危险的。

可以先尝试 45°斜对头悬停，再逐渐转入正对头悬停，这样可以慢慢适应操控方位上的感觉，能有效减少炸机的概率。对头悬停对于航线飞行来说非常重要，应好好练习，一定要把操控反射的感觉培养到位，对于今后进入自旋练习也相当有好处。

对头悬停的过关标准与对尾悬停是一样的，努力做到在 5 级风下把飞机控制在 2 m 直径的球空间内超过 10 s(见图 4.19)。

4.基础练习四(小航线飞行)

无人机升空后，使用方向舵进行转弯，不用或尽量少用副翼转弯，顺时针/逆时针完成一个闭合运动场型航线(小航线飞行是4位悬停过关后首先应进行的科目,这是所有航线飞行的基础)。

对于一个4位悬停(对尾、两个侧位、对头)已经熟练的飞手来说,会发现小航线飞行是如此简单。相反的,如果4位悬停并没有真正过关,那么即便是小航线飞行也是一种挑战。

刚开始进行小航线飞行的窍门在于,一定要注意控制飞机前进的速度,过快的前行速度会给新手的小航线飞行带来意想不到的困难。转弯时应控制适当的转向速度,不用着急赶紧转过来,在4位悬停已经熟练的情况下,缓慢、有节奏的转向才是正确的做法。顺时针小航线和逆时针小航线都要飞行熟练。虽然对大多数人来说,总是一个方向的航线飞行较为习惯,但双向的熟练航线对于后面的其它科目来说,是至关重要的。必须按照高标准的规格进行小航线飞行练习,不能随意到处乱飞,否则随便玩玩娱乐娱乐是可以的,不会有什么操控水平上的进步,更谈不上“飞行技术”。

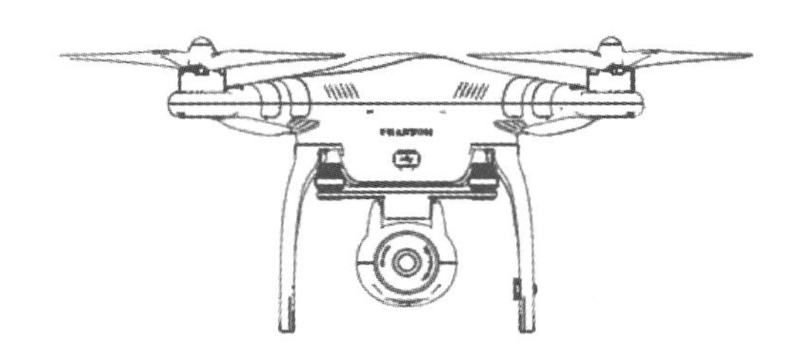

图4.19　对头悬停

小航线动作标准是,直线飞行时控制好航线的笔直,转弯飞行时控制好左右转弯半径的一致。在整个航线飞行过程中应尽量保持速度一致,高度一致,4级风内做到上述标准(见图4.20)。

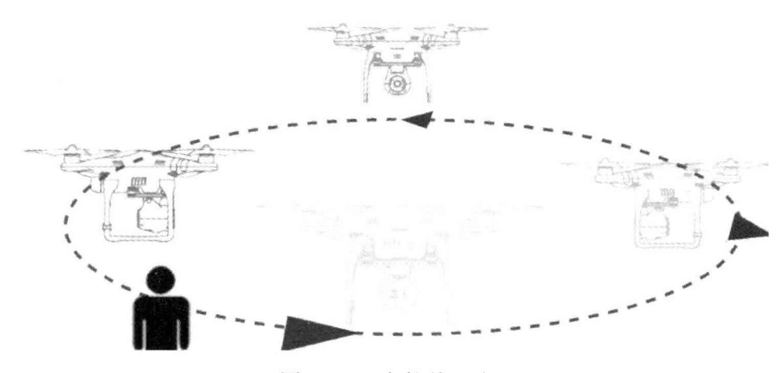

图4.20　小航线飞行

5.基础练习五(8字小航线飞行)

无人机升空后,使用方向舵进行转弯,不用或尽量少用副翼转弯,在水平方向上,顺时针/逆时针完成一个8字小航线。8字小航线飞行能帮助操控手进一步熟悉航线飞行的空中方位和手感,对于一个全面的飞手来说至关重要。

如果已经将顺时针、逆时针小航线飞行都掌握得很熟练了,那么8字小航线飞行就应该很容易完成了。如果在实际飞行中,仍然感到8字小航线飞行较为困难,即说明顺、逆时针小航线飞行甚至4位悬停并未真正过关。

8 字小航线飞行可以在很大程度上培养飞手在航线中对无人机方位感的适应性，又能在一个航线中将向左转弯和向右转弯同时练到，是初级航线飞行必练的科目。开始可以根据自己的习惯选择在两侧转弯的方向，但最终一定要全部练到，即在左侧顺时针转弯，在右侧逆时针转弯，或者在左侧逆时针转弯，在右侧顺时针转弯。

8 字小航线飞行的诀窍在于：根据自己的能力控制飞机前行的速度，并在航线飞行过程中不断纠正姿态和方位，努力做到动作优美、规范。

标准的 8 字小航线飞行为，左右圈飞行半径一致，8 字交叉点在操控手正前方，整个航线飞行中飞行高度一致、速度一致（见图 4.21）。

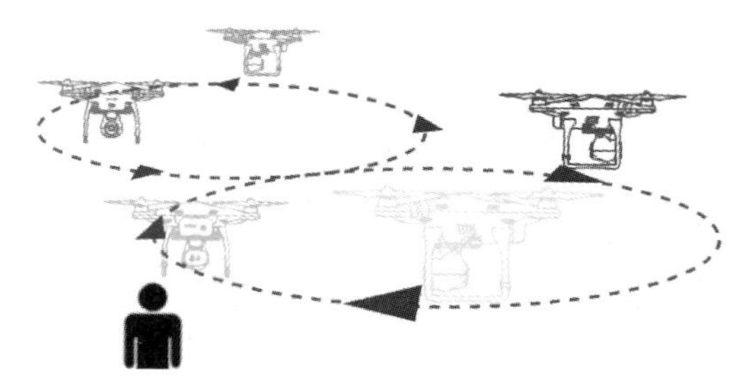

图 4.21　8 字小航线飞行

如能在 4 级风下基本达到上述标准，则说明 8 字小航线飞行过关了。当慢速飞行已非常熟练时，可以尝试一下加快飞行速度。

6.基础练习六（8 字大航线飞行）

无人机升空后，以较快速度飞行，在水平方向上完成一个 8 字大航线。8 字大航线飞行是使航线飞行进一步熟练的阶梯，用以培养飞手在任意方向上对航线飞行的操控能力。

在大航线飞行过关后，8 字大航线飞行可实现在一个航线内同时练习到顺时针和逆时针转向，能够在较大程度上提升飞手的航线飞行熟练程度。

8 字大航线飞行的诀窍是，一定要先飞熟练顺逆时针的大航线，然后控制飞行速度并保持安全高度，待几圈飞行尝试后，再逐渐降低高度和提升前行速度。如果顺逆时针大航线飞行已经很熟练的话，8 字大航线飞行只是顺理成章的事，不需要太多起落的练习即可掌握。如对飞行技术有所追求，在日常飞行中也应注重动作质量的把握。尽量维持 8 字航线的速度一致、高度一致、左右转弯半径一致、转弯坡度一致，并将 8 字交叉点放在飞手的正前方。

在 4～5 级风下能够做到上述标准，说明 8 字大航线飞行已经过关了。

4.2　天气对飞行的影响

对飞行影响较大的天气现象有很多，比如云、雾、降水、烟、霾、风沙和浮尘等现象，都可使能见度降低，当能见度降低到造成视程障碍时，无人机的起飞和回收就会发生困难。对无人机飞行威胁最大、最具有代表性的恶劣气象条件有风切变、雷暴、紊流等，其中雷暴是一种复合的恶劣气象条件，在雷暴中常含有强烈的升降气流、积冰、闪电、强降水、大风、风切变，有时还有冰雹、龙卷风和下击暴流等。下面详细介绍一下影响飞行的气象现象。

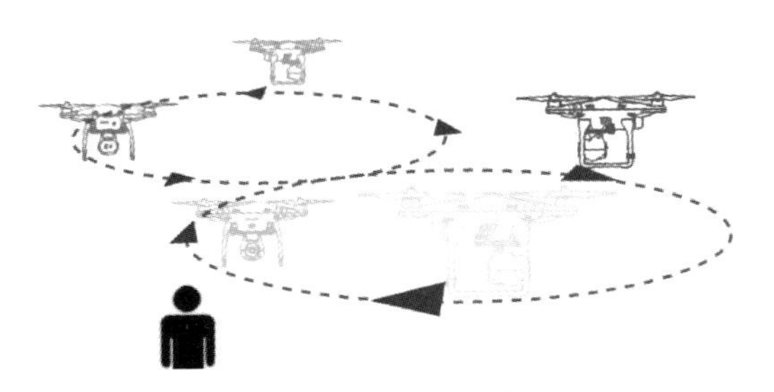

图 4.22　8 字大航线飞行

1. 风切变

风切变是风向和风速在水平和垂直方向突然变化的一种极其危险的紊流现象，尤其在600 m 以下的低空风切变是航空界公认的飞行器在起飞和着陆阶段的杀手，低空风切变具有时间短、尺度小、强度大等特点，无人机常因飞行高度比较低时，缺乏足够的空间进行机动而发生事故。在雷暴中的风切变由于其强度大、变化无常，对无人机的威胁比较大，对付风切变最好的办法就是避开。

2. 雷暴

雷暴是春夏之交和夏季常见的天气现象，由对流旺盛的积雨云所产生。当大气层结构处于不稳定状态时产生强烈的对流，云与云、云与地面之间电位差达到一定程度后就发生放电，产生雷暴。雷暴包含了各式各样的危及飞行安全的天气现象，如紊流、颠簸、积冰、闪电击和暴雨，有时还伴有冰雹、龙卷风、下击暴流和低空风切变等。雷暴过程可分为两类：一类是局地性的热雷暴，即由于下面的热力和动力强迫引起的局地环流所造成的雷暴；另一类是系统性雷暴，即由较大尺度环流系统诱发的雷暴。局地性热雷暴在雷达回波上表现为分散的、分布没有规律的数个小回波单体；系统性雷暴在雷达回波上表现为有系统的多个单体的集合。

3. 紊流

紊流是指发生在一定空域中的急速并且多变的运动气流。其主要特征是在一个较小的空域中的不同位置处，气流运动速度向量之间存在很大的差异，且变化急剧。无人机一旦进入这样的区域，不但会导致急剧的颠簸和操纵困难，而且在不同位置处无人机会承受巨大的应力，严重时则可能造成对飞行器结构强度的破坏。无人机飞行受气象条件影响比较大，特别是恶劣气象条件，如果不能准确判断、及时有效地回避，很可能引起飞行事故或“炸机”。

4. 云

云是大气中水汽凝结(凝华)成的水滴、过冷水滴、冰晶或者它们混合组成的飘浮在空中的可见聚合物。云是地球上庞大的水循环的有形的结果。太阳照在地球的表面，水蒸发形成水蒸气，一旦水汽过饱和，水分子就会聚集在空气中的微尘(凝结核)周围，由此产生的水滴或冰晶将阳光散射到各个方向，这就产生了云的外观。并且，云可以形成各种的形状，也因在天上的不同高度、形态而分为许多种。云会使能见度降低，而影响飞行；而湍流云是可以产生强烈破坏力的。

5. 湍流

湍流可以使飞行器在飞行的时候产生瞬间的或长时间的颠簸，当湍流尺度和飞机的尺度相当时，颠簸会剧烈。强烈的湍流可使飞行器失去控制，甚至因过载造成机身结构的变形或断裂。

晴空湍流是一种小尺度的大气湍流现象，多出现在5 000 m以上的高空。经常发生在急流区最大风速中心附近风速切变最大的地方，晴空湍流能造成持续性的飞机及飞行器颠簸，由于它不伴有可见的天气现象，难以事先发现。晴空湍流的物理机制，还不十分明了，还没有实用的预报方法。曾有人研究用红外线或激光探测航线前方的晴空湍流的机载仪器，但目前尚处于试验阶段。

6. 强风

强风是最容易让飞行器(尤其是多旋翼平台)发生危险的天气现象。由于它影响飞机的空速，改变了升力，而使飞行高度突然发生变化，往往使已降低高度和正在减速着陆的大型飞机或者低空无人机发生严重的飞行事故，建议5级以上风力天气禁止多旋翼无人机飞行。

7. 地形波的影响

地形波是气流经过山区时受地形影响而形成的波状的铅直运动。气流较强时铅直运动也比较强烈。弗尔希特戈特根据气流和风的铅直分布，将地形波分成层流、定常涡动流、波状流和滚转状流等四种类型。地形波中的铅直气流可使飞行器的飞行高度突然下降，严重的可造成撞山事故；地形波中强烈的湍流，可造成飞机颠簸；在地形波中铅直加速度较大的地方，可使飞行器的气压高度计产生误差。在日常预报业务中还不能对地形波做出定量的预报。

8. 降雨

雨天是不建议起飞的，飞行器的电子元件都是裸漏在外的，雨水会引起精密元件短路。如果遇到紧急情况，飞行器上还是沾上了水，需要第一时间对进水部件喷涂或浸泡WD-40(除湿防锈润滑剂)后再用干净布擦拭。WD-40的渗透性极强(比水更强)，而且与金属表面有极佳的亲和力，从而能够渗透到金属毛细孔内部，形成一层仅0.002 8～0.007 6 mm的致密保护膜，有效地排除金属表面及毛细孔内部的水分和湿气。

飞行器飞经含有过冷水滴的云、冻雨和湿雪区时，机器表面的突出部位，会现出结冰现象。因此飞行器在多雨潮湿高寒地区飞行也需注意避免积冰。

9. 气温

由于气温的时间、空间分布变化较大，任何电子产品都会有适宜的工作温度范围，一般情况下在-5°C到60°C之间。过高的温度会使如图传这种散热大户罢工。过低的温度会使CPU的性能下降。当然低温影响最明显的还是电池，航拍用的电池大都是放电°C数高的，低温情况下如0°C就会降低电池的放电性能，往往飞机会表现无力，使用时间降低甚至不能启动。推荐是在-5°C到60°C以外不要起飞，电池在5°C到-5°C之间时用“毛衣”包一下，做好保温措施，并在起飞前预热。

10. 腐蚀性空气

这种情况多发生于海上，海水中含有大量的盐分，随之会带入空气中，这种空气会产生吸氧腐蚀反应，如果不及时处理和维护，会影响飞行平台的性能和寿命。正确的处理方式是在起飞前做好防护措施，喷涂WD-40，任务结束后及时清理擦拭。

4.3 日常检查和保养

电子产品时常会因为电子、机械或是环境引起故障，突发一些紧急情况，尤其是在留空时的紧急情况，如果处理不当，轻者损失飞行设备，重者造成人员伤亡。因此，在平常的维护中或者起飞前的准备中要排查一切隐患。

4.3.1 智能电池的日常检查和保养

（1）飞机电池发现连接处的金属片有污垢一定要清理。

（2）飞机电池发现出现金属片弯折、电池鼓包、金属片不一样长短请不要使用。

（3）飞机电池单片电压 3.7 V 以上时部分电芯电压偏低或偏高超过 0.2 V，要用专门设备进行平衡处理。

（4）飞机电池在多次循环后发现出现亏电现象或者电量在 APP 上显示不稳定请不要使用，联系售后服务部门，若是质量问题或可换新。

（5）电池的平常存储应保持电量在 40%～65%，上飞机应放电至 5%，两个月不用的话，请使用前满充满放电一次。

4.3.2 飞行器的日常检查和保养

（1）建议飞机的箱子内放置的干燥包每一到两个月更换一次，防止电子元器件受潮。

（2）请不要使用那些不拆螺旋桨就可以放进去的箱子，螺旋桨在箱子运输的过程中非常容易出现弯折，影响飞行质量甚至炸机。

（3）建议每到一个新的地方一定要校准 IMU 和指南针，因为长途运输的颠簸对 IMU 有影响，而每个地方不同的磁场环境对指南针也有影响。

（4）每次起飞前请先检查电机启动后的响声是否正常，安装桨叶后注意观察螺旋桨是否在同一水平面，不是的话请更换桨叶，桨叶是易损品，不更换危害更大。

（5）飞机的天线、视觉定位的镜头、超声波系统、电机内如果有灰尘要及时清理。

（6）飞机云台连接处的减震球建议在观察到开裂现象或者在 200 个起落后更换。

（7）飞机云台的镜头平常可以购买保护盖，减少灰尘的进入，平常每次飞行后用酒精纸擦拭，滤镜使用时间过长后会出现各种划痕，建议更换。

（8）飞机飞行时长超过 50～100 h 建议观察电机内金属丝的颜色等情况，如果发现变色等问题，建议更换电机以免造成飞行安全问题。

（9）悟系列注意飞机机身是否出现颤动或者中心框丝杆部位出现异响的情况，检查中心框丝杆有没有出现锈迹或者弯折现象，平常可以上油保养。

（10）筋斗云系列注意检查桨叶固定螺丝和其它部位的螺丝是否松动，各部件之间的连接线是否牢固，有无破损。

（11）检查遥控器天线是否有物理损伤。比如遥控器和天线连接处断裂损坏或者两根天线杆内部天线折断，这两根天线一根接受图传，一根发出遥控器信号，如果出现天线磨损问题或者接触不良等要及时修理或更换。

（12）现在的充电器可以同时充电池和遥控器的电，但是从安全考虑最好不要同时充电。

4.4　飞行突发情况处理

当有突发状况时，要沉着冷静，采取正确的处理方式尽量减少损失。首先在处理过程中要保证人身安全和公共安全，例如迫降地尽量远离公路、广场等人类密集活动范围。尽量选择草地、沙地等具有缓冲作用的场地迫降，减少飞行平台的损失，保护储存卡。其次，判断问题所在，采取正确高效的挽救措施。一般紧急情况可以分成三种：一是飞行平台可控；二是飞行平台半控；三是完全失控甚至丢失。

1.可控

飞机遇到一些突发状况，导致飞行任务必须尽快结束，但是飞机还在飞手可以控制的情况下。一般有以下几种情况：

(1)天气突变，比如突然下雨了，突然有阵风袭击，飞机不适合继续飞行；

(2)电池电量不够或者损坏导致电池性能下降；

(3)拍摄设备出现电池电量不足，储存卡已满的情况；

(4)无线图传干扰或者天线掉落导致无法发送视频信息；

(5)云台失控不能保持稳定或无法操控情况。这些情况相对危险性不是很高，飞机能够正常飞行，至少能有迫降时间。飞手只需要沉着冷静，选好飞机最近最安全的迫降地，并要求副手驱散附近无关人员，在稳定情况下尽快安全降落。

2.半控

飞机遇到突发状况，导致飞机不具备完整的可控飞行功能，但是还能够被飞手采取非常规手段半操控的情况。引发这种情况的起因比较复杂，有以下几种可能：

(1)多轴中某个电机停转，导致飞机自旋。有可能是电机电源线和信号线脱落或者电调故障造成的。类似这种飞行不平稳但是飞控正常的情况，需要准确分辨机头的方向，在正确的位置调节方向舵引导飞机落到合适的位置，缓慢调整油门，在落地的瞬间打正方向舵使飞机水平降落。

(2)飞机在空中乱转甚至飞走。这种情况有可能半失控，也可能全失控，只能用排除法来解救。首先切换飞行模式，GPS 模式可切换成姿态模式或者手动模式，直到飞行姿态正常并能够控制方向。解救成功表明是 GPS 故障、IMU 模块松动、传感器失效或是飞行过于激烈导致飞控故障。迫降后检查 GPS 、IMU，并连接电脑调参软件查看各种功能是否正常，自检和重新校正磁罗盘。若不能解决，飞控需送厂检修。

(3)间歇性失控。这种情况可能是干扰造成的，在可控时间里尽量远离干扰源。

3.完全失控

如果切换模式无法接管飞机，要立即疏散人群，让飞行器自行着陆。如果确认飞行器失去控制向远处飞走，还可以尝试一键返航或关闭遥控器看飞行器能否启动失控返航功能自动返航降落；在自动返航功能失效，飞行器丢失的情况下，可以打开 APP 中的飞行记录查看是否有数据保存下来，如果有的话可以根据此数据判断飞行器大致方位，立即前去寻找，也可以用另一架无人机的航拍画面进行寻找。

思考与练习题

1.无人机飞行前的检查项目有哪些?
2.有哪些因素影响飞行安全?
3.风对无人机飞行有什么影响?
4.飞行时突发情况怎样处理?

第 5 章　无人机航拍技巧

5.1　前期准备

5.1.1　航拍时机的选择

所谓时机，就是航拍的时间选择。航拍给我们展示的是景物不常见的另一面，它除了给我们以新奇的感觉之外，更能让人体会到一种胸襟宏大、包容宇内、气吞万里的气势。然而，这种宏大的气势因时间、季节的不同有很大的差别，一般来说，一天当中早中晚的景色是不同的，因而落实到摄像机的色温也不一样；同样的景别，因一年四季温度的不同会呈现出不同的景色，这是我们在航拍时首先必须把握的。要根据不同的航拍任务和拍摄类型，选择不同的拍摄时间。例如，除拍摄冰天雪地的雪景以外，一般选择以九、十月份为最佳。这是因为秋高气爽，天高云淡，视野开阔，景物清晰，此时是电视航拍的最佳时机。

如果一次航拍需要两三天甚至更长的时间，其间天气的变化，拍摄时间的早晚都会对拍摄效果产生影响。要保证画面符合技术标准，达到全片色调一致、信号指标准确统一，这就需要关注天气预报，选择一段气候条件相对较好的时间进行拍摄。

5.1.2　航拍路线的规划

拍摄之前，根据脚本制定周密的拍摄计划方案。要对地面拍摄范围内的所有景物进行整体观察和综合分析，找出最能代表某地形象、气质和品格的景物来，并对要表现的景物通过感官的提炼，使它更形象化。同时，根据电视拍摄连续性的特点，确定航拍线路、方位、高度和频次等，形成连贯的结构方案，做到全局在胸。空中拍摄时，要选好航拍切入点，从什么地方起飞，到什么位置，用什么角度拍摄最具代表性的景物，都要事先计划好。

为了更加全面、具体地掌握以上内容，正式拍摄前的“彩排”很重要。拍摄过程中，要以地平线作为参照物，尽量保持画面视觉元素的均衡、完整、统一和平稳。同时，拍摄时应根据光线的不同变化，借助于景物线条透视原理，使画面产生纵深感和空间感。从空中拍摄一般采用侧逆光，在线条的运用上竖线条较多，给人一种气势大、坚实、庄严、高耸的感觉，并会使被摄体产生强烈的冲击力。航拍中，采用斜线也较为广泛，使景物在光影中形成斜坡形线条，也会产生纵深感。

5.1.3 航拍器材的准备

1.飞行平台的选择

根据不同的拍摄任务，选择合适的飞行器。一般记录性拍摄任务如婚礼、庆典、小型活动等特别是在既有室外也有室内的拍摄环境下，可以选择消费级航拍无人机，比如大疆精灵系列。这种无人机一体化机身，携带和使用灵活方便，具有室内定位悬停功能，加装螺旋桨保护圈后安全性较好。竞技比赛类航拍，宜选用准专业四旋翼无人机，例如大疆“悟”系列。大型活动和影视剧航拍，最好选用专业的六旋翼或者八旋翼无人机，可以携带专业航拍器材，拍摄满足影视剧图像质量的素材。比如大疆的筋斗云 S1000$^+$，零度智控 E1100V3 等。

2.航拍器材的准备

(1)根据电视片对画面要求的特点，选用合适的相机和镜头；

(2)根据镜头口径，准备好常用的 ND 镜；

(3)给相机电池充电并准备好备用电池、存储卡等；

(4)确定视频拍摄制式(一般选用 PAL 制)、ISO 感光度、光圈值等；

(5)所有系统软件升级到最新版本；

(6)图传和各项操作功能测试。

5.1.4 航拍节奏的把握

众所周知，电视片节奏的产生主要来源于三个方面：一是画面内人物或物体的运动，二是镜头的移动，三是由解说、音乐、效果声的烘托形成的节奏。在平地拍摄中，电视画面构图有静态构图和动态构图之分，而在多旋翼无人机航拍中，也同样可以做到。航拍的节奏要根据具体拍摄的主题并结合航拍的特点来把握，也就是说，针对不同的主题，采用不同的节奏来拍摄，摄像的节奏要与主体节奏相一致，这样才能更好地表现主题。摄影师要根据电视片的结构安排，深入了解文字稿本的内容是什么，重点是什么，前后内容是怎样衔接和过渡的，根据这些内容，什么地方要慢，什么地方要快，事先应与飞手沟通好，做到繁简得当，快慢结合，使人感到内容广泛，层次清晰，结构合理，节奏明快。

在航拍过程中，要充分考虑到无人机本身的特点，把握住拍摄的节奏。一般来说，在表现名山大川的绮丽风光时大多采用比较舒缓的节奏，反映建设成就高速发展时就多采用明快的节奏。

5.2 航拍构图

5.2.1 摄影构图与航拍构图

从本质上看，航拍构图和地面拍摄构图其实没有区别，只是完成操作的方式有些不一样。摄影是一种交流和表达，构图是它的表达方式，能够更好地表达想法，就是好的构图，它能够消除随机性，有计划地安排观看者的视线。构图技巧即是不同的表达方式，在航拍中，构图的本质不变，地面拍摄的构图技巧也是依然有效的。

5.2.2　影视构图的特点

影视构图属于造型艺术，可以表现被摄物体的运动，也可以在运动中表现，这是与其它艺术本质的区别。

1. 运动性

在影视构图中运动性主要存在两种形式：

(1)静态。通常是为了表达主观、唯美，发挥刻意、强调的作用。

(2)运动状态。通常表示随意、纪实，或者是下意识的，突出流畅和建立全新的视觉形式。

2. 完整性

追求视觉风格的完整性——也就是一种构图风格贯穿全片，完整体现。当然这种完整不是说面面俱到、毫无取舍。而是在完整的基础之上，可以有构图的局部完整(这是有别于美术构图的根本)。简单地说，是相对的完整，画面不要太慢、不要刻意的堆砌，有时简单反而最好。

所有的构图都要有形式感，都要有调动各种元素充分组合和表达的可能。

3.场景空间的限制性

在影视构图中，一定要考虑场景，场景不仅承担叙事和表意的作用，它还限制构图创意发挥的物质基础。

(1)所有的构图都是在场景中实现的。

(2)所有的场景都决定了构图的风格。

4. 多视点和多角度

在所有表现视觉的艺术中，只有影视构图具有多视点、多角度的特点。因此充分调度视点、角度，是影视构图的主要特点。

(1)多视点是构图的核心。相比戏剧只能平面调度的单一视点而言，影视构图具有多视点的特点，充分认识这个特点，构图才会有新颖感。

(2)多角度是构图的关键。角度决定构图，多角度也是影视构图的关键。尽管摄影机跟前所有的物质都是可以调度的，也就是说是可以刻意摆出来的。但是，好的角度一定是“找”出来的，而不是摆出来的。想要得到好的角度，一定要有“寻找”的思维，这样才能在影视作品中创造视觉的新鲜感——也就是形式感。

5. 画面比例的固定性

(1)1∶1.33(通常说的 4∶3)。

(2)1∶1.85(通常说的 16∶9，高清电视采用的格式)。

(3)1∶2.35 (通常说的宽银幕)。

了解这三种比例的目的，就是为了说明，我们在创作中要充分了解播出的环境。更高的比例，可以带来构图更多创作的余地，但是播出达不到也不可能实现创作意图。这个比例，实际上就是电影一开始的银幕尺寸，后来电视是根据银幕的习惯而设定的。

6.现场拍摄的不可修改性

由于拍摄画面的固定性，所以一旦在现场确定了构图，在后期是不能够做出太大的修改的，因此，在拍摄之前，就应该做到心中有数，把构图的设想考虑完整，不能等现场拍摄完毕，在后期中再来修改。

5.2.3 常用构图技巧

技巧一:九宫格构图,黄金分割

被摄主体或重要景物放在“九宫格”交叉点的位置上。“井”字的四个交叉点就是主体的最佳位置。一般认为,右上方的交叉点最为理想,其次为右下方的交叉点。但也不是一成不变的。这种构图格式较为符合人们的视觉习惯,使主体自然成为视觉中心,具有突出主体,并使画面趋向均衡的特点,航拍中大多素材拍摄时适用(见图 5.1)。

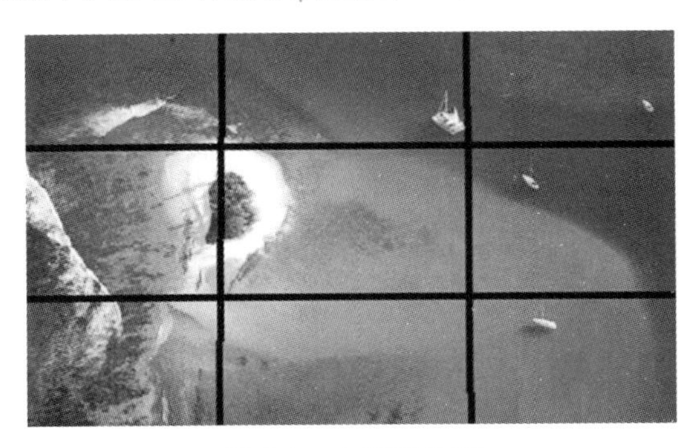

图 5.1 九宫格构图

技巧二:三分法构图,天地人和

将画面分割为三等份,如拍摄风景的时候选择 1/3 放置天空或者 1/3 放置地面都是风景摄影师常用的构图方法。1∶2 的画面比例可以有重点地突出需要强化的部分。天空比较漂亮的话可以保留大部分的天空元素,整体画面也显得更为融洽,航拍中较适合于自然景观层次分明的素材拍摄(见图 5.2)。

图 5.2 三分法构图

技巧三:二分法构图,平分秋色

二分法构图就是将画面分为等分的两部分,这在风景照的拍摄中经常使用。将画面分成相等的两部分,容易营造出宽广的气势。风景照中,一半天空一半地面,两部分的内容显得沉稳和谐。这样的照片层次平稳,容易出好片,但在画面冲击力方面略有欠缺(见图 5.3)。

技巧四:向心式构图,万向牵引

主体处于中心位置,而四周景物呈朝中心集中的构图形式,能将人的视线强烈引向主体中心，并起到聚集的作用。具有突出主体的鲜明特点，航拍中较适用于建筑拍摄（见图 5.4）。

图 5.3　二分法构图

图 5.4　向心式构图

技巧五：对称式构图，平衡美感

将画面左右或上下分为比例为 2∶1 的两部分，形成左右呼应或上下呼应，表现的空间比较宽阔。其中画面的一部分是主体，另一部分是陪体。航拍中适用于运动、风景、建筑等拍摄（见图 5.5）。

图 5.5　对称式构图

技巧六:S形构图,曲韵丰景

河流、人造的各种曲线建筑都是拍摄S形构图的良好素材,曲线与直线的区别在于画面更为柔和、圆润。不同景深之间通过S形元素去贯通,可以很好地营造空间感,给人想象的空间。带有曲线元素的画面让人物造型变得更加丰富,免除了平淡和乏味,在航拍中广泛应用(见图5.6)。

图5.6 S形构图

技巧七:平行线构图,有条不紊

自然界或者人为设置都可以拍到平行线的画面,这类画面的特点在于规整与元素重复,可以让画面营造出特别的韵味。尤其是自然界的重复元素,可以更好地烘托主题(见图5.7)。

图5.7 平行线构图

技巧八:星罗式构图,凌乱的韵律

星罗式构图指的是将重复元素随机排布在画面当中,因重复元素具有统一性的缘故,可以获得一种特殊的协调性,画面具有不一般的韵律。而因为随机性的缘故,很容易引起观图者的好奇心(见图5.8)。

技巧九:消失点构图,意境悠长

透视规律告诉了我们近大远小的透视规则,所以在远方,我们可以看到平行线汇聚于一点,这个点被称作消失点,多选择这类画面进行构图不但可以让画面更具冲击力,而且平行线会引导观看照片的人将视线移至消失点,使得画面的空间感更强一些。若是拍摄创意人像,还可以将人物放置在消失点让观看者最终的焦点集中在人物身上,也可以获得视觉效果不错的风景(见图 5.9)。

图 5.8　星罗式构图

图 5.9　消失点构图

技巧十:V 形构图,风景剪刀

V 形构图的用意与 S 形构图相同,可以有效增加画面的空间感,同时让画面得到了更为有趣的分割。不同的是曲线换成了直线,画面变得有棱有角。直线条更容易分割画面。让画面各个元素之间的关系变得微妙起来(见图 5.10)。

图 5.10　V 形构图

5.3 常用航拍手法和技巧

航拍已经进入到普及阶段，更加成熟的飞行器，越来越稳定的云台，让航拍变得越来越容易。但是航拍有别于地面拍摄，要想拍摄出美丽的镜头，还是需要一些技巧的，以下是一些航拍时常用的技巧。

1. 远角平飞

以目标为构图的中心，在较远处平行飞行拍摄，针对标志性建筑等较突出大气目标。这是最基本的航拍手法，飞行器和镜头保持一个姿势往前飞(见图 5.11)。

图 5.11 远角平飞技巧示意图

2.俯首向前

在起飞前调整好镜头的角度，然后保持直线向前飞行(见图 5.12)。

图 5.12 俯首向前技巧示意图

3.镜头垂直向前

起飞前，将镜头调整到与地面垂直，然后保持直线向前飞行(见图 5.13)。

图 5.13 镜头垂直向前技巧示意图

4.向前拉高

飞行器先以较低高度向前飞行，接近被拍摄物体时逐渐开始拉高飞行器，从物体上方飞过（见图5.14）。

图5.14 向前拉高技巧示意图

5.拉高低头

飞行器从物体上空飞过，镜头一直注视着被拍摄物体直到与地面垂直（见图5.15）。

图5.15 拉高低头技巧示意图

6.直线横移

飞行器和相机在横移时保持姿态和高度不变（见图5.16）。

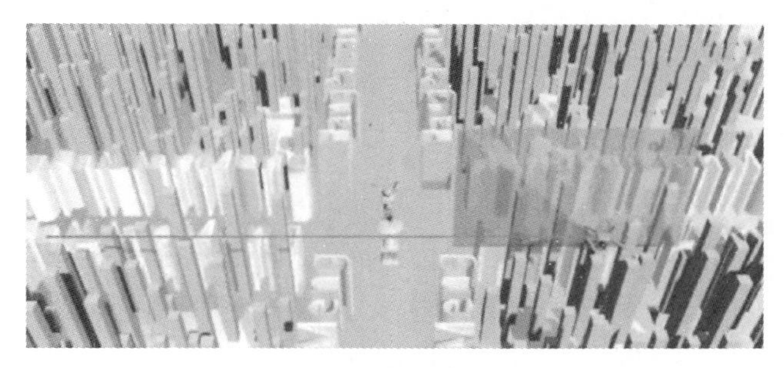

图5.16 直线横移技巧示意图

7.横移拉高

飞行器和相机保持一个姿态不变，在横移时拉升高度(见图 5.17)。

图 5.17　横移拉高技巧示意图

8.横移＋拉高＋向前

飞行器和相机保持姿态不变，而且在向斜前方横移的同时拉升高度(见图 5.18)。

图 5.18　横移＋拉高＋向前技巧示意图

9.横移＋拉高＋后退

飞行器和相机保持姿态不变，在向斜后方横移的同时拉升高度(见图 5.19)。

图 5.19　横移＋拉高＋后退技巧示意图

10.向前＋拉高＋转身＋横移

飞行器接近被拍摄的物体时，要保持拉高向前同时逐渐把镜头转为横移(见图 5.20)。

11.目标环绕

以目标为原点，圆周环绕飞行，针对静态航拍目标，多对立柱目标使用，如旗帜、风车、灯塔等目标。

对于左手油门的使用者来说，两个摇杆逆时针同时向外，顺时针同时向内（见图 5.21）。

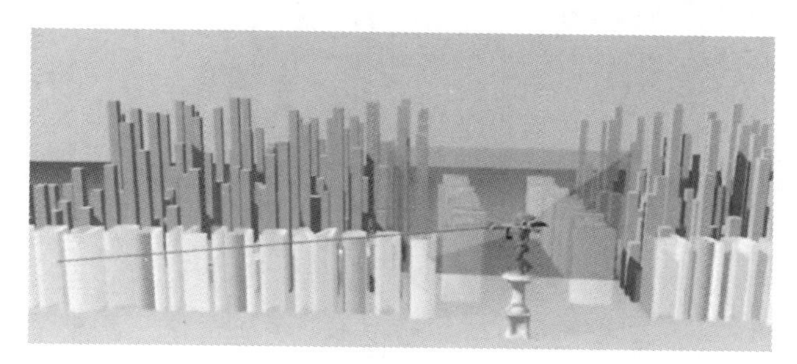

图 5.20　向前＋拉高＋转身＋横移技巧示意图

图 5.21　目标环绕技巧示意图

大疆飞行器支持自动兴趣点环绕功能，使用方法是飞机起飞后，将模式开关转换到 F 挡，只要开启兴趣点环绕模式，将高度提升至 10 m，这时候飞行器所在的地方就是原点位置。紧接着要给环绕划出半径，控制飞行器向前飞行，5 m 半径是环绕的最低要求，再然后只需要在手机上控制调整飞行器顺时针或者逆时针飞行以及飞行速度，点击立刻执行即可。

12.向前＋环绕

飞行器从向前逐渐转向左（右）横移，控制方向向右（左）转（见图 5.22）。

图 5.22　向前＋环绕技巧示意图

13. 飞越回头

这是非常经典的双控完成的镜头，飞手直接控制飞行器飞越目标，云台手控制镜头，始终让目标在画面中间位置(见图 5.23)。

图 5.23　飞越回头技巧示意图

14.侧身向前

单人操作侧身向前的飞行姿态，需要多加练习才能掌握好(见图 5.24)。

图 5.24　侧身向前技巧示意图

15.侧身向前＋转身＋侧身后退

此操作的难度在于飞行器由侧身向前转到侧身向后的连贯性和精确性(见图 5.25)。

图 5.25　侧身向前＋转身＋侧身后退技巧示意图

16.俯首后退

将俯首向前的航线倒过来，需要更加小心附近的障碍物(见图 5.26)。

17. 由近及远

以目标为构图中心，由近处向远高处飞行，突出气势(见图 5.27)。

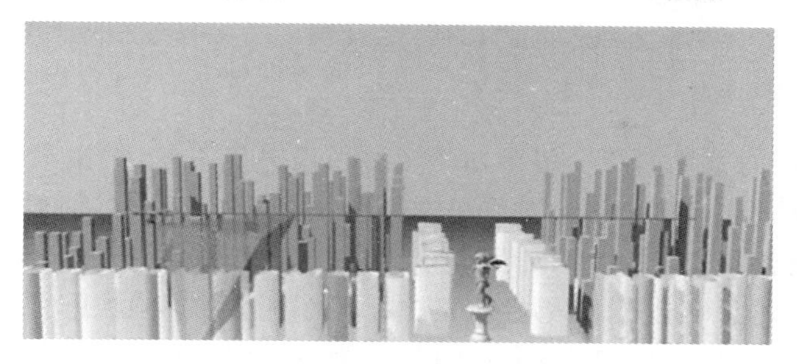

图 5.26　俯首后退技巧示意图

图 5.27　由近及远技巧示意图

此操作难度较大，需要对飞行十分熟练。

18.盘旋拉升

抓住目标特点，飞行中局部特写拍摄，以点带面，针对有特点的静态目标(见图 5.28)。

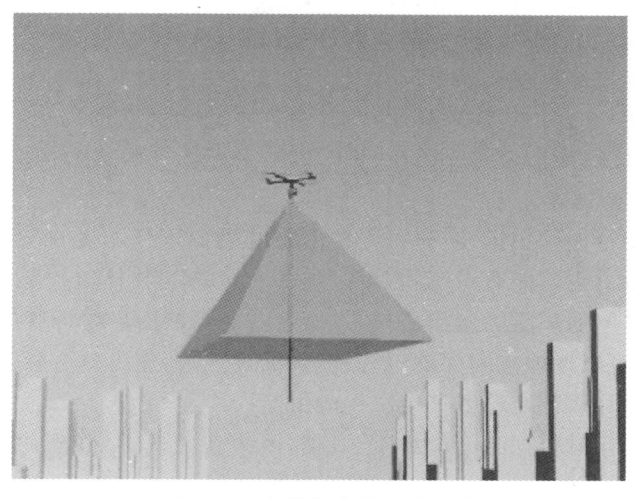

图 5.28　盘旋拉升技巧示意图

盘旋拉升是用处非常多的拍摄手法。

5.4 特殊环境航拍

5.4.1 夜景航拍

夜景拍摄要选择合适的时机。很多初学者的拍摄时机不对，拍出来的夜景天空晦暗或者死黑，这就使得作品效果大打折扣。首先是选择天气，天空灰蒙蒙的时候不拍。而在太阳刚刚落下，华灯初上的时候拍摄，拍出来的片子会相映生辉，效果会更好。比如秋冬天季节下午6点左右太阳落山，此时天气会更通透，路上的上下班车流会更多，会更好看一些。

如果设备支持，一定要用RAW格式拍摄，要为后期做出最大的余量。拍夜景不能用自动曝光拍摄，要手动控制曝光，ISO400以下，否则感光度太高，噪点过大。

要选择无风或者弱风天气拍摄，安全是一方面，主要是为了拍摄清晰度。因为夜景低感光度下，虽然用大光圈，曝光时间也比较长，稍有振动就会拍摄失败。

夜景航拍的注意事项：

(1)夜景拍摄主要是拍摄城市灯光建筑，因此飞行高度和飞行距离要尽量缩短，避免干扰。

(2)白天提前观察好地形，做到心中有数，大体行走路线上别出现晚上看不到的障碍。特别是留意空中如果有电线，绝对不能飞。

(3)选择站在稍微空旷一点的广场起飞，避免飞到高楼后面。

(4)尽量在离开人群的地方起飞。

(5)起飞前一定要做指南针校准。

5.4.2 雪景航拍

航拍美丽的雪景，伴随着飘落的雪花都是重要的冬季素材。但是在寒冷的地方，经常会出现把飞机从室内拿到室外后，镜头里面有一层薄薄的雾气，甚至出现水珠现象，这时最好就是把飞机放回箱子里，让它慢慢适应了温度后再拿出来，这样会好很多。而且下雪的时候要注意，由于天气比较冷，要避免在低温下长时间拍摄，以防止机器老化。

无人机在雪天飞行的时候，桨叶高速转动，会把雪花全部吹向周边，一般的无刷电机是不怕水的，但是温度过低可能会使螺旋桨或机身结冰，会破坏平衡和增大阻力。

1.参照物和背景的选择

拍摄雪景一定要掌握好拍摄技巧，否则拍出来的画面不仅不美，而且还会令人头晕眼花，满眼全是雪的景色看上去可能有点沉闷，可以加些有色彩的物体以增添雪景的亮点。例如利用挂满冰凌或铺着厚厚的积雪的青松树枝、点缀着花花绿绿的广告标牌的灯杆，或者是建筑物等作为拍摄的前景，可以增加空间深度，提高雪景的表现力，使得整个画面的内涵更加丰富，不至于因为白茫茫的一片而使观看者产生厌倦的情绪。

拍摄白茫茫的雪景时要把曝光增加1～2挡，因为在雪景中，强烈的反射光往往使测光结果相差1～2级曝光量。

2.白平衡的调整

在雪地里，周围特殊环境的影响往往使得相机的自动白平衡功能并不能十分准确，而手动调整的精确程度要胜过自动调整，因此这个时候最好采用手动功能来调整相机的白平衡，因为只有相机的白平衡设置是准确的，色彩才能被正确还原。虽然雪景都是白茫茫的一片，但是随着时间、周围景物等的变化，白雪也会表现为不同的白色，所以，在拍摄不同景别的雪景时，还要注意随时调整相机的白平衡。

冬季飞行要注意的问题：

(1)飞行前，务必将电池充满电，保证电池处于满电状态。将电池充分预热至 25℃以上，以降低电池内阻。建议使用电池预热器，对电池进行预热。

(2)起飞后保持飞机悬停 1 min 左右，让电池利用内部发热，使自身充分预热，降低电池内阻。对飞机电池进行保温措施，如给 inspire 贴电池海绵垫，给 phantom 的机身散热格栅贴胶条阻隔空气流通。

(3)把报警电压提高。DJI 飞行器的电压和电池百分比可以一起参考避免蓄电导致百分比数据不准。把报警电压提高(比如单片报警电压调至 3.8 V)。在 DJI GO 里，还可以把低电报警从 30%调高到 40%，因为在低温环境下压降会非常快，报警一响立即降落。无论怎么放置电池，一定要保证是干燥的环境，也尽量避免在很低温的情况下对电池进行充电。

思考与练习题

1.航拍前要做哪些准备？

2.航拍构图与地面拍摄构图有哪些不同？

3.常用航拍技巧有哪些？

4.冬季航拍需要注意哪些事项？

第6章 航拍图像的后期处理

任何优秀的航拍影像最终都要以视频作品的形式呈现在观众面前，因此，对无人机航拍视频的后期处理与加工就显得非常重要。作为无人机航拍团队的一员，具备一定的后期视频处理能力也是十分必要的。

6.1 视频图像处理软件介绍

目前在专业的视频影像处理领域存在着多种剪辑、处理软件，视频剪辑软件是对视频源进行非线性编辑的软件，属多媒体制作软件范畴。软件通过对加入的图片、背景音乐、特效、场景等素材与视频进行重混合，对视频源进行切割、合并，通过二次编码，生成具有不同表现力的新视频。它们各具特色，下面就对当前主流的图像视频处理软件进行一个简单的介绍。

6.1.1 会声会影

作为高清视频剪辑、编辑、制作软件，会声会影功能灵活易用，编辑步骤清晰明了，即使初学者也能在软件的引导下轻松制作出好莱坞级的视频作品。会声会影提供了从捕获、编辑到分享的一系列功能。拥有上百种视频转场特效、视频滤镜、覆叠效果及标题样式，用户可以充分利用这些元素修饰影片，制作出更加生动的影片效果。

对于希望拥有更多的享受视频编辑乐趣而又不愿意花费太多的时间的人们来说，有着高级技术支撑和易于操作的工作流程的会声会影可以说是最佳选择。它可以刻录光盘、制作电子相册、节日贺卡、MTV制作、广告制作、栏目片头、宣传视频、课件制作，应用非常广泛（见图6.1）。

图6.1 会声会影LOGO

6.1.2 Adobe Premiere

Adobe Premiere是目前最流行的视频剪辑软件之一，是强大的数码视频编辑工具，它作为功能强大的多媒体视频、音频编辑软件，应用范围不胜枚举，制作效果美不胜收，足以协助用户更加高效的工作。Adobe Premiere 以其新的合理化界面和通用高端工具，兼顾了广大视频用户的不同需求，在一个并不昂贵的视频编辑工具箱中，提供了前所未有的生产能力、控制能力和灵活性。Adobe Premiere 是一个创新的非线性视频编辑应用程序，也是一个功能强大的实时视频和音频编辑工具，是视频爱好者们使用最多的视频剪辑软件之一。现在被广泛地应用于电视台、广告制作、电影剪辑等领域，成为 PC 和 MAC 平台上应用最为广泛的视频编辑软件。

Adobe Premiere 在剪辑过程中的最大的优势是可以实现与 Adobe 公司其它产品的无缝链接，例如，Premiere 可以实现和 PS、AE 的实时互动。这使得我们在创作过程中可以轻松完成从图像处理、视频剪辑、特效包装的制作全过程(见图 6.2)。

图 6.2　Adobe Premiere 的 LOGO

6.1.3　Final Cut Pro

Final Cut Pro 是苹果系统中专业视频剪辑软件 Final Cut Studio 中的一个产品(见图 6.3)。

图 6.3　Final Cut Pro 的 LOGO

这个视频剪辑软件由 Premiere 创始人 Randy Ubillos 设计，充分利用了 PowerPC G4 处理器中的“极速引擎”(Velocity Engine)处理核心，提供全新功能，例如不需要加装 PCI 卡，就可以实时预览过渡与视频特技编辑、合成和特技。按钮位置得当，具有漂亮的 3D 感觉，拥有标准的项目窗口及大小可变的双监视器窗口，它运用 Avid 系统中含有的三点编辑功能，在 preferences 菜单中进行所有的 DV 预置之后，采集视频相当爽，用软件控制摄像机，可批量采集。时间线简洁、容易浏览，程序的设计者选择邻接的编辑方式，剪辑是首尾相连放置的，切换(例如淡入淡出或划变)是通过在编辑点上双击指定的，并使用控制句柄来控制效果的长度以及入和出。特技调色板具有很多切换，虽然大部分是时髦的飞行运动、卷页模式，然而，这些切换是可自定义的，它使 Final Cut Pro 中优于只有提供少许平凡运行特技的其它的套装软件。

在 Final Cut Pro 中有许多项目都可以通过具体的参数来设定，这样就可以达到非常精细的调整。Final Cut Pro 支持 DV 标准和所有的 QuickTime 格式，凡是 QuickTime 支持的媒体格式在 Final Cut Pro 中都可以使用，这样就可以充分利用以前制作的各种格式的视频文件，还包括数不胜数的 Flash 动画文件。

总之，这是一个非常好的软件包，它提供较佳的编辑功能，具有像 Adobe After Effects 高端合成程序包中的合成特性。

6.1.4 EDIUS

EDIUS 是日本 Canopus 公司的优秀非线性编辑软件(见图 6.4)。

图 6.4　EDIUS 的 LOGO

EDIUS 非线性编辑软件专为广播和后期制作环境而设计，特别针对新闻记者、无带化视频制播和存储。EDIUS 拥有完善的基于文件工作流程，提供了实时、多轨道、多格式混编、合成、色键、字幕和时间线输出功能。除了标准的 EDIUS 系列格式，还支持 Infinity™ JPEG 2000，DVCPRO，P2，VariCam，Ikegami GigaFlash，MXF，XDCAM 和 XDCAM EX 视频素材。同时支持所有 DV，HDV 摄像机和录像机。

EDIUS 非编软件专为广播电视及后期制作，尤其是那些使用新式、无带化视频记录和存储设备的制作环境而设计。

6.2　Adobe Premiere Pro CC 基本操作

尽管在现实的工作过程中，各个剪辑软件系统具备不同的优势，考虑到操作性、系统间的互通性，我们依然选择 Adobe 公司旗下的 Premiere 作为此次教学过程中的演示软件。Premiere软件经历多年的发展，最新版本已经升级到 Adobe Premiere Pro CC 2015 ，作为公司出品的最新一款视频非线性编辑器，无论各种视频媒体，从用手机拍摄的视频到 Raw 5K，都能导入并自由地组合，再以原生形式编辑，而不需花费时间转码。在这里，就以其为例，结合剪辑处理的实例介绍在影像处理过程中的基本操作。

6.2.1　Adobe Premiere Pro CC 的工作界面

在编辑视频时，对工作环境的认识是必不可少的，虽然在默认的工作环境中即可满足各种操作的需求，但是根据工作的需要，更加合理地设置 Premiere 的工作环境，可以更加快速地完成影片编辑工作。

在 Premiere Pro CC 界面中包括【项目】【节目】【时间轴】面板等，下面分别介绍各面板的主要功能，如图 6.5 所示。

图 6.5　Premiere Pro CC 的工作界面

【项目】面板。该面板主要分为三个部分，分别为素材属性区、素材列表和工具按钮。其主要作用是管理当前编辑项目内的各种素材资源，此外还可在素材属性区域内查看素材属性并快速预览部分素材的内容。

【时间轴】面板。该面板是剪辑师对音、视频素材进行编辑操作的主要场所之一，由视频轨道、音频轨道和一些工具按钮组成。

【节目】面板。该面板用于在用户编辑影片时预览操作结果，该面板由监视器窗格、当前时间指示器和影片控制按钮所组成。

【音频计量器】面板。该面板用于显示【时间轴】面板中视频片段播放时的音频波动状态。

6.2.2 影像剪辑处理的一般流程——航拍太极拳表演剪辑

在熟悉了 Adobe Premiere Pro CC 的工作界面后，简单介绍一些使用 Adobe Premiere Pro CC 进行影像剪辑处理的一般流程，它包括以下几个步骤。

6.2.2.1 创建与设置项目

Adobe Premiere Pro CC 中，所有的影视编辑任务都以项目的形式呈现，因此创建项目文件是进行视频制作的首要工作。为此，Adobe Premiere Pro CC 提供了多种创建项目的方法。

（1）首先点击桌面对应的 Adobe Premiere Pro CC 程序图标，启动程序。

（2）程序启动后，弹出对话框，在该界面中，系统列出了部分最近使用的项目，如图 6－6 所示。此时只需选择【新建项目】选项，即可创建项目。另外，也可在 Adobe Premiere Pro CC 主界面内新建项目。在菜单栏中单击执行【文件】【新建】。

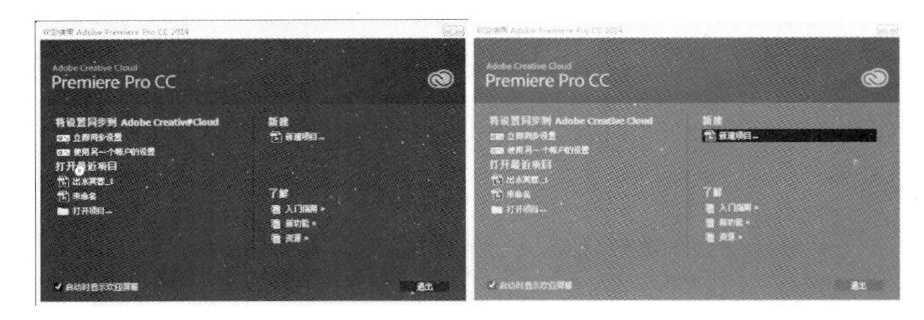

图 6.6　创建项目

提　示

在欢迎界面中，直接单击【退出】按钮后，系统将关闭 Premiere Pro CC 软件启动程序。

（3）程序启动后，系统会自动弹出【新建项目】对话框（见图 6.7）。在该对话框中，可以对项目的配置信息进行一系列设置，使其满足用户编辑视频的需要。在项目名称栏可手动更改项目名称，在这里提示，一定要看清楚项目保存的位置，可以点击浏览，选择自己想要保存的文件夹。

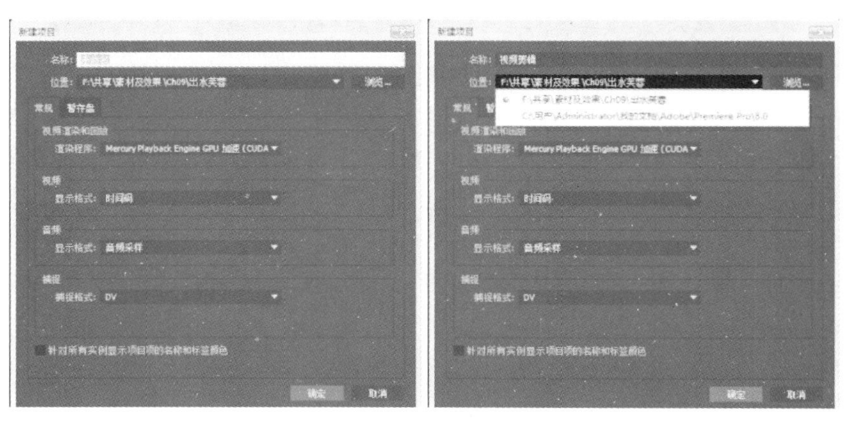

图 6.7　【新建项目】对话框

【资料链接】

在【常规】选项卡中，各个选项的含义与功能如下：

☆视频和音频显示格式。在【视频】和【音频】选项组中，【显示格式】选项的作用都是设置素材文件在项目内的标尺单位。

☆捕捉格式。当需要从摄像机等设备内获取素材时，【捕捉格式】选项的作用便是要求 Premiere Pro CC 以规定的采集方式来获取素材内容。

【暂存盘】选项卡，可以查看并设置采集到的音/视频素材、视频预览文件和音频预览文件的保存位置。

6.2.2.2 创建与设置序列

Premiere Pro CC 内所有组接在一起的素材，以及这些素材所应用的各种滤镜和自定义设置，都必须被放置在一个被称为“序列”的 Premiere 项目元素内。可以看出，序列对项目极其重要，因为只有当项目内拥有序列时，用户才可进行影片编辑操作。在 Premiere Pro CC 中，序列的创建是单独操作的。

1.新建序列

(1)新建项目后，进入 Premiere Pro CC 操作界面，点击【文件】下拉菜单，执行【文件】【新建】【序列】命令(或使用快捷键 Ctrl+N)，Premiere Pro CC 将自动弹出【新建序列】对话框，如图 6.8 所示。

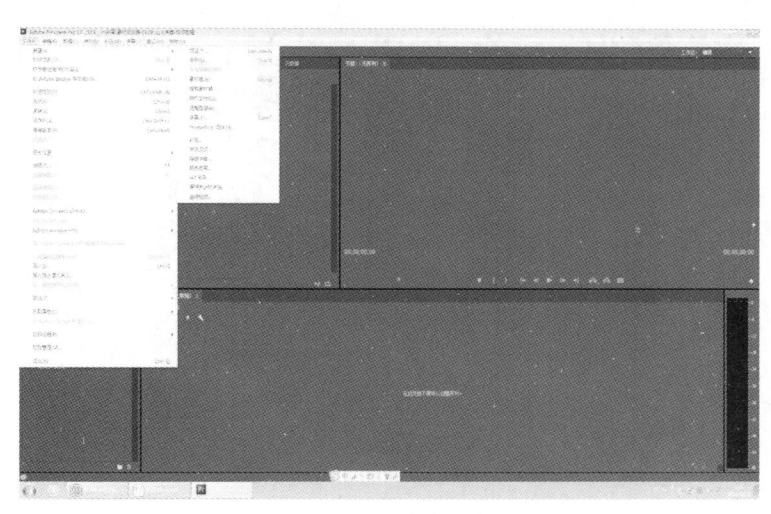

图 6.8 【新建序列】对话框

(2)在显示【序列预设】选项卡中，Premiere Pro CC 分门别类地列出了系统能够提供的序列预设，如图 6.9 所示。

选中某种序列预设后，在对话框的右侧可以查看该序列预设的相关视音频等参数信息。点击确定进入操作界面，如图 6.10 所示。

注意：在选择序列设置参数之前，请查看需要剪辑处理的视频素材拍摄格式，是标清格式还是高清格式，对应的帧尺寸大小是 720×576 还是 1 920×1 080，是逐行扫描 P 还是隔行扫描 I，并选择相对应的序列设置。

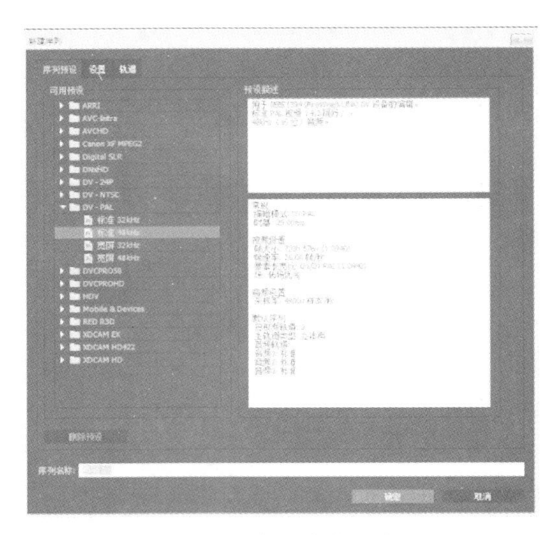

图 6.9　序列参数设定

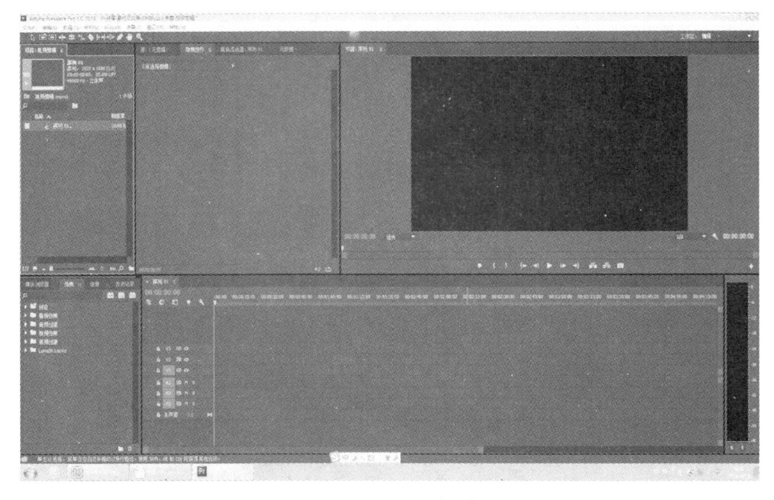

图 6.10　Premiere 操作界面

2.在项目内新建序列

在日常的编辑过程中，往往需要多个序列，因此，除了可以通过上述方法新建序列外，还可以在【项目】面板内单击右键选择【新建项】按钮，从弹出的菜单中选择【序列】命令，从而打开【新建序列】对话框创建新的序列。

6.2.2.3　导入素材

因为当下的航拍过程中采用的大多是便携式的摄影器材，拍摄的素材绝大多数都是数字视频素材，因此，在剪辑处理之前，可以通过 USB 数据线、读卡器等方式轻松地将需要剪辑处理的数字素材拷贝到的计算机储存硬盘中。这样的采集方式就摆脱了以往带式采集的一些操作，因此在这里只向大家讲述数字视频素材的导入与管理。

视音频素材是剪辑处理形成作品的基础，为此 Premiere Pro CC 专门调整了自身对不同格式素材文件的兼容性,使得其支持的素材类型更为广泛。目前,Premiere Pro CC 为导入素材提供了两种方式:通过菜单进行导入和利用【项目】面板进行素材导入。

1.利用菜单导入素材

点击【文件】菜单,执行【文件】【导入】命令。然后,在弹出的对话框内选择所要导入的图像、视频或音频素材,并单击【打开】按钮即可将其导入至当前项目,如图 6.11 所示。

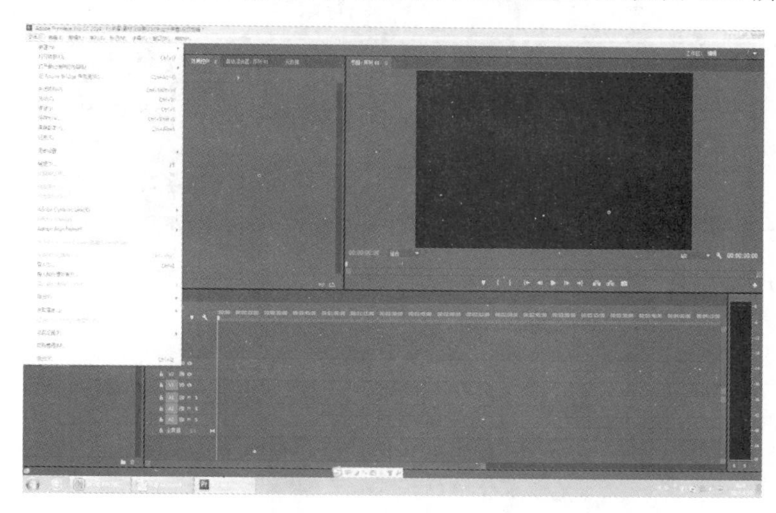

图 6.11　【文件】菜单

如图 6.12 所示,将某运动会航拍素材“2.mov”选中,打开。就可以将素材添加至 Premiere Pro CC 项目内,素材会显示在【项目】面板中。双击【项目】面板中的素材,可在【源】窗口内查看或播放素材(见图 6.13)。

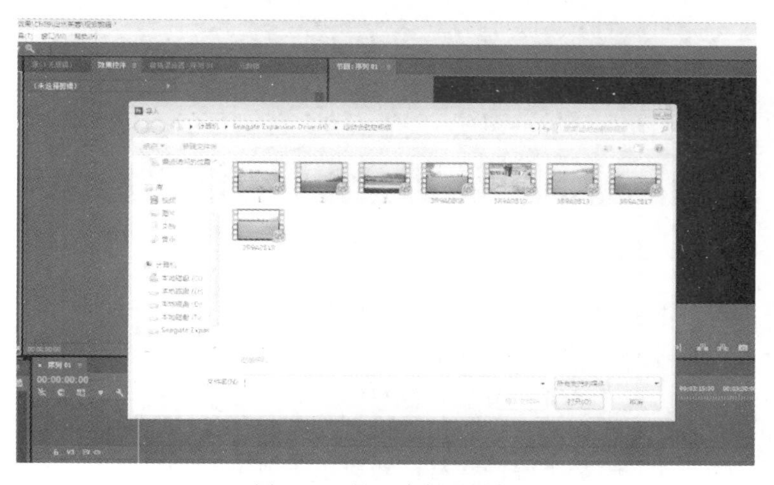

图 6.12　导入素材对话框

2.通过项目面板导入素材

Premiere Pro CC 提供的另外一种素材导入方式是通过【项目】面板,将鼠标放在项目面板上,双击鼠标或者单击右键选择导入素材都可以实现对素材的导入(见图 6.14)。

图 6.13　在【源】窗口内查看或播放素材

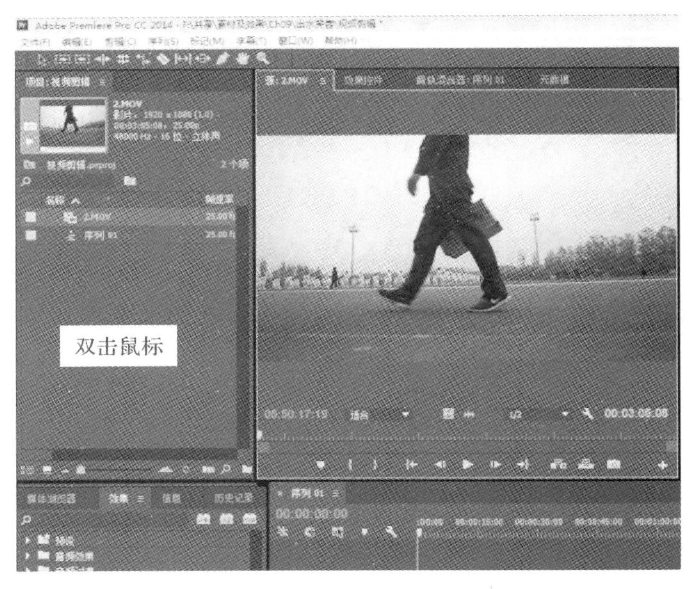

图 6.14　在项目面板双击鼠标导入素材

注意：若单击素材前的图标，将会选择该素材；若要更改其名称，则必须双击素材名称的文字部分。此外，右击素材后，从快捷菜单中选择【重命名】命令，也可将素材名称设置为可编辑状态，从而通过输入文字的方式对其进行重新编辑。

清除素材的操作很简单，用户在【项目】面板内选择素材后，单击【Delete】键按钮即可完成清除任务。但是，如果用户所要清除的素材已经应用于剪辑的时间线上，Premiere Pro CC 将会弹出警告对话框，提示序列中的相应素材会随着清除操作而丢失。

3.脱机文件的处理

在日常的剪辑过程中，经常会碰到脱机文件的问题，所谓脱机文件，是指项目内的素材文件当前不可用，其产生原因多是由于项目所引用的素材文件位置发生了改变，已经被删除或移动。

在打开包含脱机文件的项目时，Premiere Pro CC 会自动弹出【链接媒体】对话框，要求用户重新定位脱机文件，如果用户能够指出脱机素材新的文件存储位置，就会解决该素材文件的媒体脱机问题。

6.2.2.4　编辑素材

在 Premiere Pro CC 中，对视频素材的编辑共分为分割、排序、修剪等方法。需要指出的是，Premiere Pro CC 中真正的视频编辑并不是在监视器中进行的，而是在【时间轴】面板中完成的。在【时间轴】面板中不仅能够进行最基本的视频编辑，比如添加、复制、移动以及修剪素材等，还能够重新设置视频的播放速度与时间以及视频与音频之间的关系。

1.拖动素材到时间轴面板

首先将需要剪辑的素材选中，按住鼠标将其拖动到时间轴面板中，如图 6.15 所示，如果导入的素材视频格式与序列设置的格式参数不符，会弹出是否更改序列设置，请根据作品制作要求选择。选择完成，素材就会被拖放到时间线上，如图 6.16 所示。

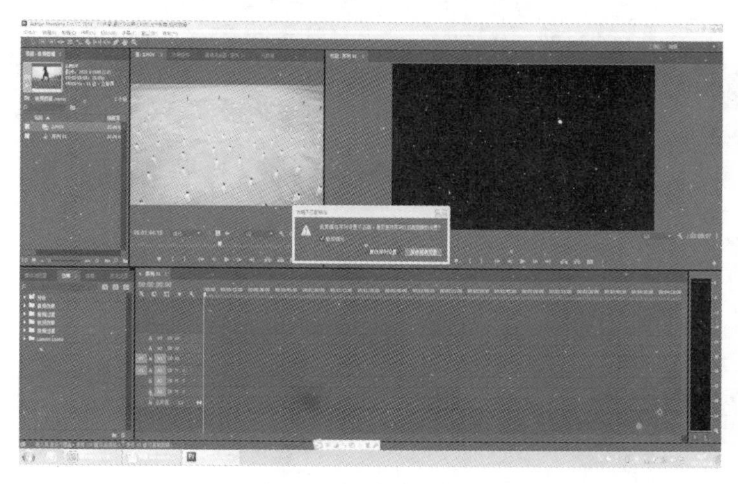

图 6.15　选定素材文件

图 6.16　将素材拖放到时间线上

2.移动时间指针线到剪辑点

如图 6.17 所示，拖动时间标尺上的当前时间指示器，将其移至所需要裁切的位置，通过画面监视器，判断所要剪辑的内容是否合适，接下来，在工具栏内选择【剃刀工具】或使用快捷键【C】后，在【当前时间指针】的位置处单击时间轴上的素材，即可将该素材裁切为两部分(见图 6.18)。

图 6.17　移动时间指针线到剪辑点

图 6.18　裁切素材

注意：Premiere Pro CC 所提供的一切快捷键操作只在英文输入法下有效。

3.删除多余素材

最后，如图 6.19 所示，使用【选择工具】或快捷键【V】单击多余素材片段后，按 Delete 键将其删除。如果所裁切的视频素材带有音频部分，则音频部分也会随同视频部分被分为两个片段，并一并删除。结果如图 6.20 所示。

4.排列素材

使用鼠标选中剩余的素材，按住鼠标不放，将其拖动，与时间线的顶端对齐，或者单击右键，选择波纹删除，与前端对齐，如图 6.21 所示。

图 6.19　选择要删除的素材

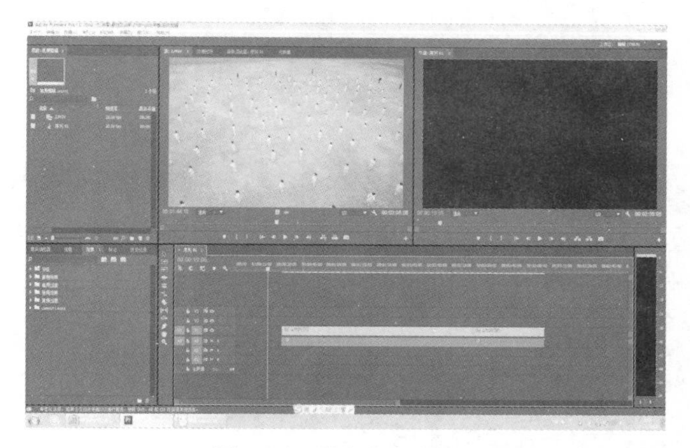

图 6.20　删除多余素材 1

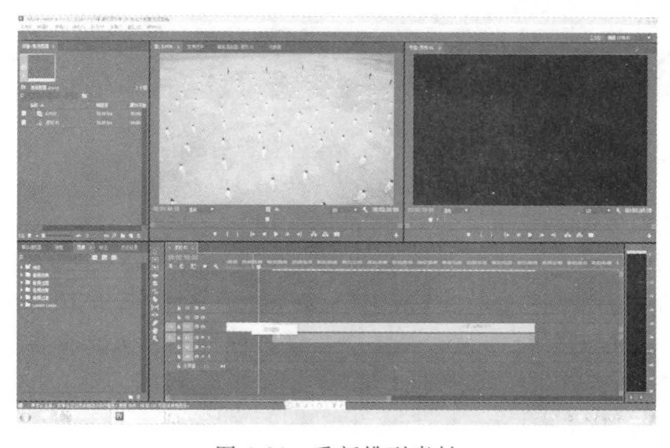

图 6.21　重新排列素材

5.删除其它素材片段

在实例操作中,选择了某学校运动会航拍素材,通过预览素材片段,将航拍时所拍摄的起飞与降落画面删除。将时间线指针移动到视频的后部,将降落画面片段,选择【剃刀工具】或使用快捷键【C】,剪切,然后选择【V】,选中结尾片段,按 Delete 键删除(见图 6.22 和图 6.23)。

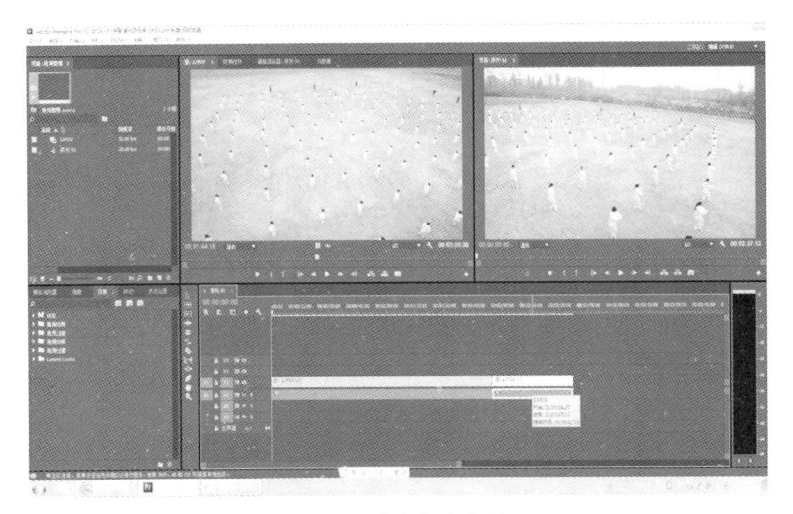

图 6.22　删除多余素材 2

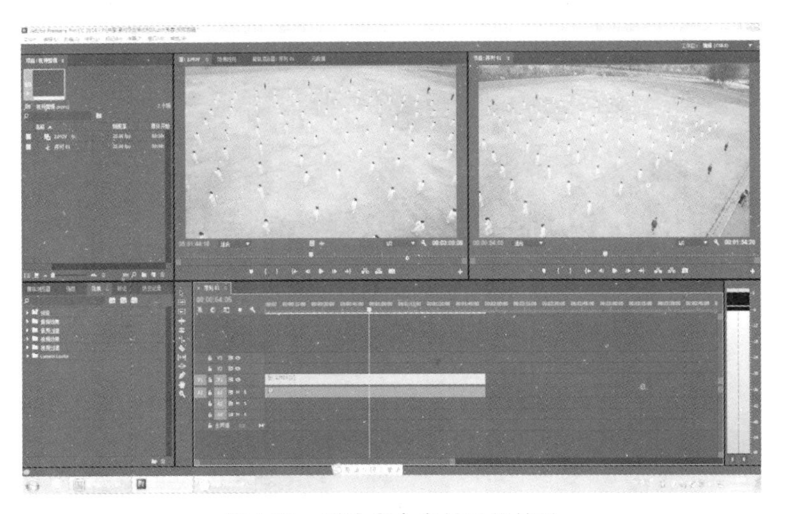

图 6.23　删除多余素材后的结果

资料链接:调整素材的播放速度与时间。

Premiere Pro CC 中的每种素材都有其特定的播放速度与播放时间。通常情况下,音视频素材的播放速度与播放时间由素材本身所决定,而图像素材的播放时间在默认的情况下则为 5 s,不过,根据影片编辑的需求,很多时候需要调整素材的播放速度或播放时间。

(1)调整图片素材的播放时间。将图片素材添加至时间轴后,将鼠标指针置于图片素材的末端。当光标变为向右箭头图标时,向右拖动鼠标,即可随意延长素材的播放时间。

(2)调整视频的播放速度。如果需要在不减少画面内容的前提下调整素材的播放时间,便只能通过更改播放速度的方法来实现。方法是，在【时间轴】面板内右击视频素材后，选择【速度/持续时间】命令，如图 6.24 所示。在【剪辑速度/持续时间】对话框中，将【速度】设置为 50%后，即可将相应视频素材的播放时间延长一倍，如图 6.25 所示。

图 6.24　【时间轴】菜单

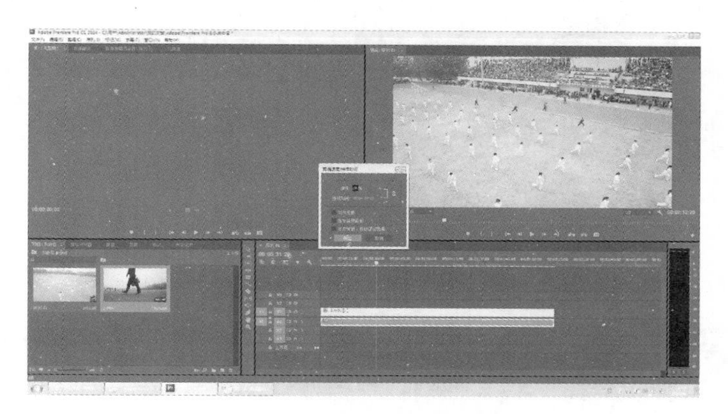

图 6.25　调整播放速度对话框

如果需要精确控制素材的播放时间，则应在【剪辑速度/持续时间】对话框内调整【持续时间】选项，如图 6.26 所示。

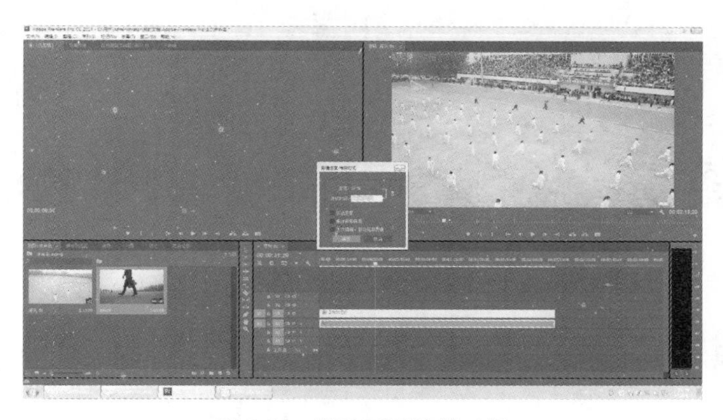

图 6.26　调整画面持续时间

此外，在【剪辑速度/持续时间】对话框内启用【倒放速度】复选框后，还可颠倒视频素材的播放顺序。

6.解除视音频链接，选择合适的音乐

在实际的拍摄过程中，无人机的高速飞行，使得在拍摄过程中所录制的音频信息包含巨大的飞行噪声，基本是不可以使用的，因此需要对音频进行处理。如图 6.27 所示，选中素材，单击右键，在弹出的菜单中选择“取消链接”，就可以单独编辑素材的视频和音频了。然后选择音频，如图 6.28 所示。按【Delete】键删除音频信息，如图 6.29 所示。

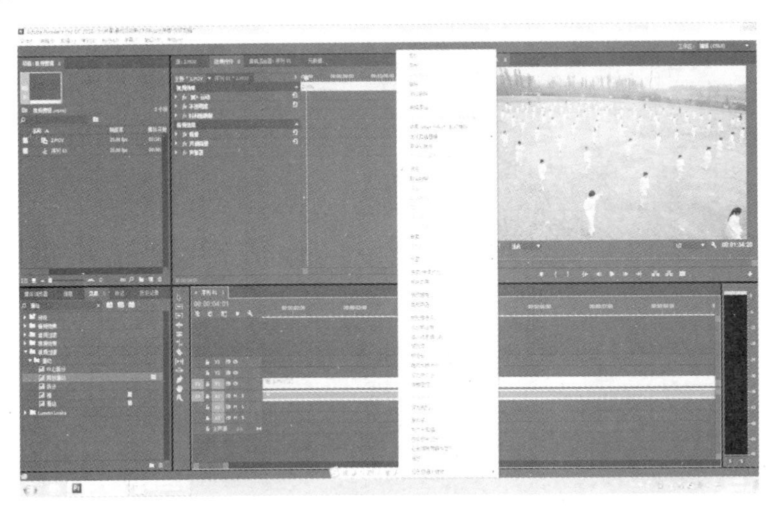

图 6.27　素材右键菜单

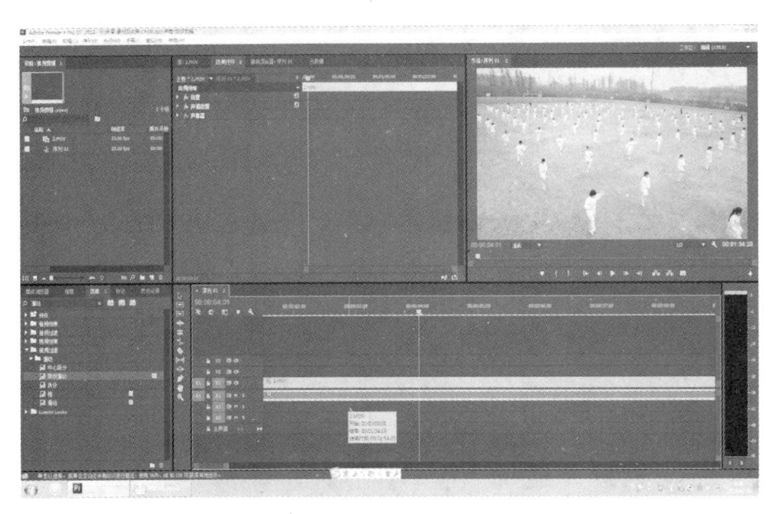

图 6.28　取消链接

7.添加音频素材

此运动会航拍素材“2.mov”所拍摄是集体太极拳表演，用户可以通过执行【文件】【导入】命令，选择导入音乐“24 式简化太极拳.mp3”，导入到【项目】面板，如图 6.30 所示。

选中音乐素材，将其拖入音频轨道 A1 中，前端与视频起始端对齐，结尾处选择【剃刀工具】或者快捷键【C】剪开，然后选择【选择工具】或者快捷键【V】，删除多余的音频片段，如图6.31所示。

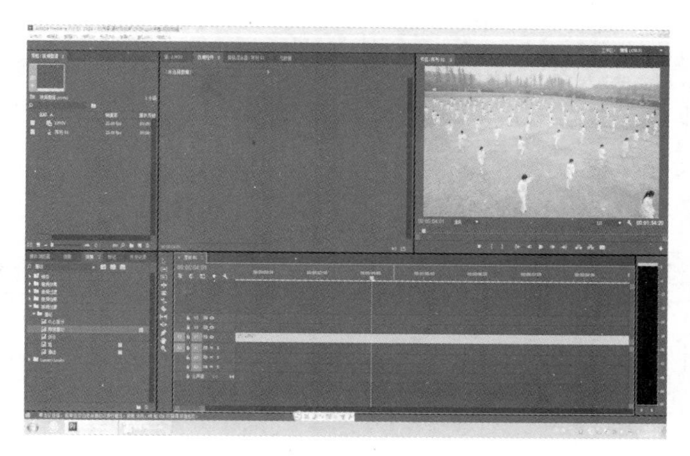

图 6.29　删除音频

图 6.30　导入音频素材

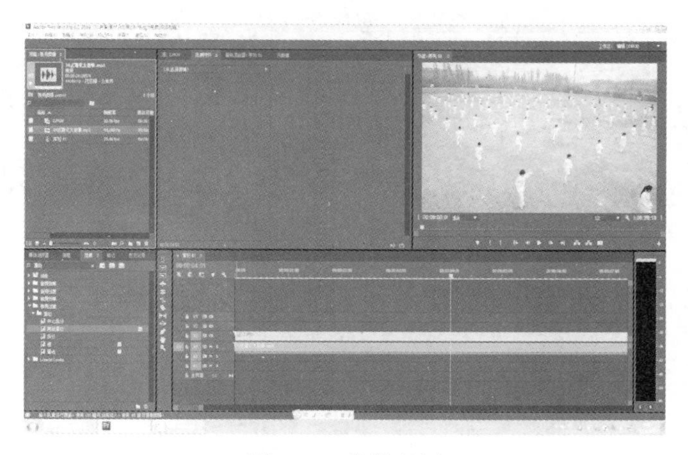

图 6.31　编辑音频

框选时间轴面板中视音频素材，单击右键，选择“链接”，可以将视频与音频素材固定链接在一起，如图 6.32 所示。

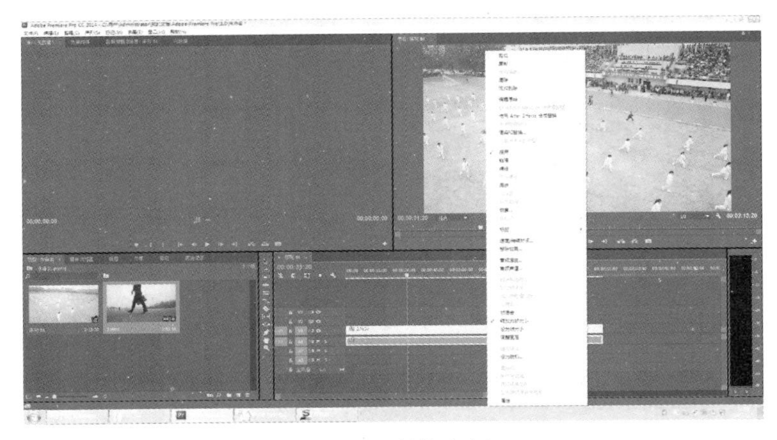

图 6.32 链接音频

8.添加转场过渡

镜头是构成影片的基本要素，在影片中，镜头的切换就是过渡。镜头的切换包括两种：一种是硬切，即利用简单的衔接来完成切换；另外一种是软切，即由第一个镜头淡出，向第二个镜头淡入切换。但在航拍视频剪辑中，转场切换应用得较少。在实例练习运动航拍素材“2.mov”的剪辑处理中，选择使用【视频过渡】【溶解】【渐隐为黑色】，选中该过渡效果，如图 6.33 所示，将其拖动到时间轴的视频上。

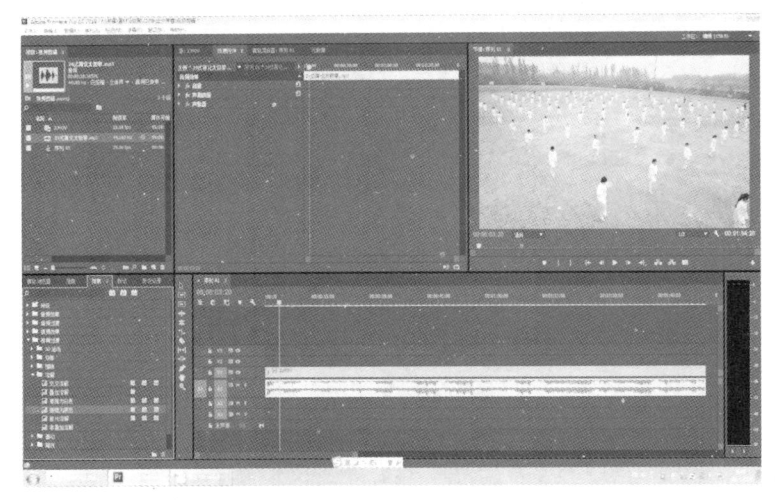

图 6.33 片头添加转场过渡

视频起始端添加完毕后，如图 6.34 所示，同样，在航拍视频的结尾处也添加上述转场过渡。使整体呈现渐隐渐现的效果。

提 示

【渐隐为黑色】转场是影视领域转场切换应用较多的转场过渡效果，该转场主要应用在段落转场、故事的开端或结尾。

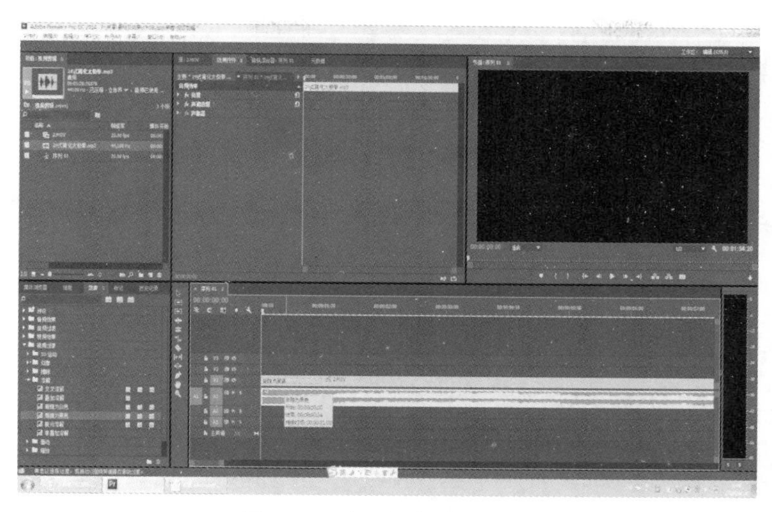

图 6.34　片尾添加转场过渡

6.2.2.5　导出视频成品

完成 Premiere 影视项目的各项编辑操作后，在主界面内执行【文件】【导出】【媒体】命令(快捷键 Ctrl+M)，将弹出【导出设置】对话框。在该对话框中，可以对视频文件的最终尺寸、文件格式和编辑方式等一系列内容进行设置，如图 6.35 所示。

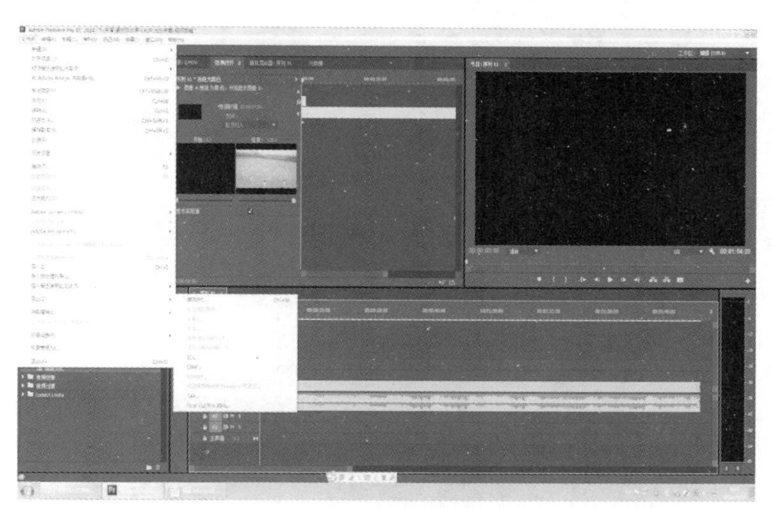

图 6.35　导出视频命令

【导出设置】对话框的左半部分为视频预览区域，右半部分为参数设置区域。在左半部分的视频预览区域中，可分别在【源】和【输出】选项卡内查看到项目的最终编辑画面和最终输出为视频文件后的画面。

在完成对导出影片持续时间和画面范围的设定后，在【导出设置】对话框的右半部分中，调整【格式】选项可用于确定导出影片的文件类型，如图 6.36 所示。选择输出格式 H.264，在下方的【预设】选项中根据实际需要发布的平台选择具体格式，在案例中，选择默认【匹配源一高比特率】，如图 6.37 所示。

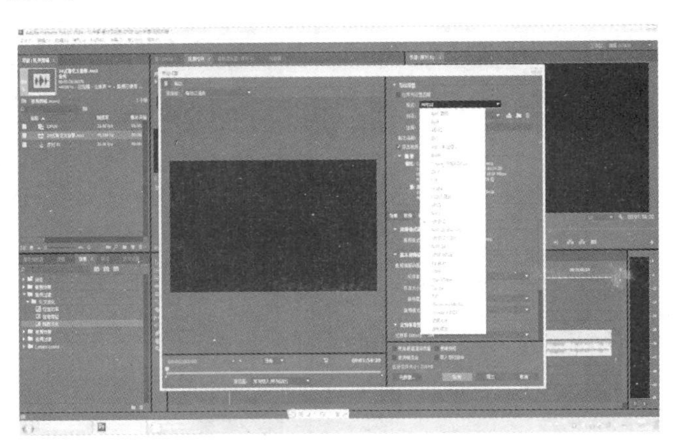

图 6.36 【导出设置】对话框

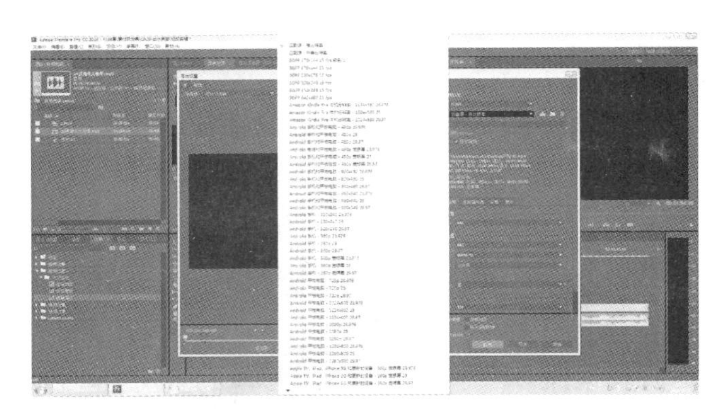

图 6.37 选择输出格式

点击【输出名称】可以更改输出文件的位置、名称，点击并重新命名为“太极拳航拍”（见图 6.38，图 6.39）。

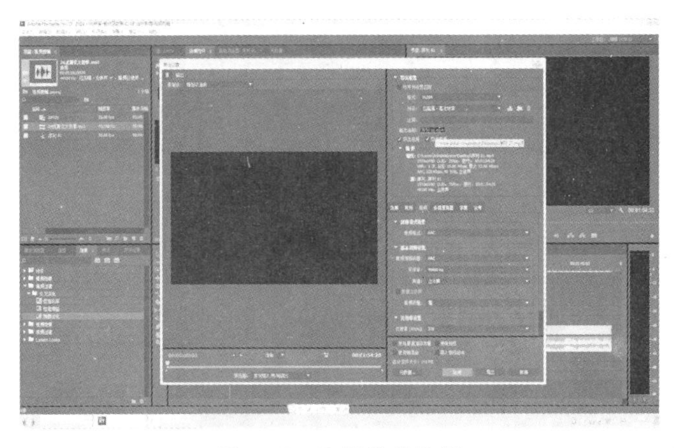

图 6.38 选择保存位置

选择单击【导出】，将视频以指定格式输出到指定位置，如图 6.40 所示。

图 6.39　重命名及保存

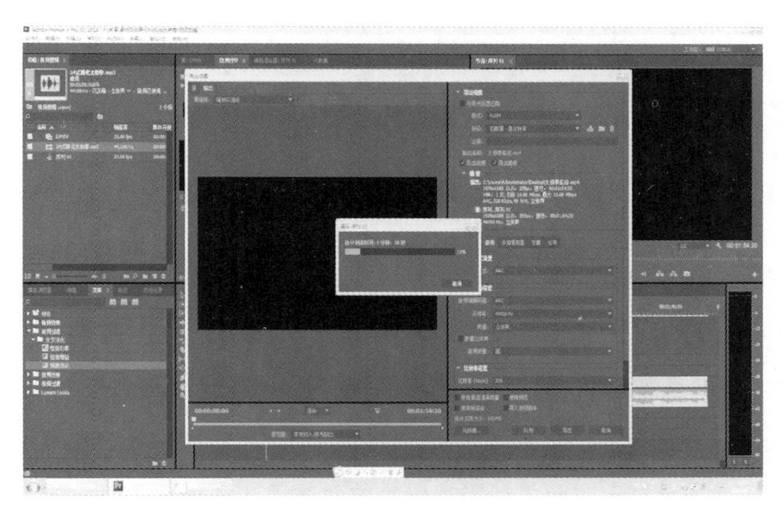

图 6.40　导出视频

【资料链接】

当下，随着数字技术的发展，一些视频编码格式也在不断革新发展，这里主要介绍以下几种不同的编码格式。

(MPEG)标准是由 ISO(International Organization for Standardization，国际标准化组织)所制定并发布的视频、音频、数据压缩技术，目前共有 MPEG-1，MPEG-2，MPEG-4，MPEG-7 及 MPEG-21 等多个不同版本。MPEG 标准的视频压缩编码技术利用了具有运动补偿的帧间压缩编码技术以减小时间冗余度，利用了 DCT 技术以减小图像空间冗余度，并在数据表示上解决了统计冗余度的问题，因此极大地增强了视频数据的压缩性能，为存储高清晰度的视频数据奠定了坚实的基础。其中 MPEG-4 编码格式是当下流行的视频编码压缩格式。与 MPEG-1 和 MPEG-2 相比，MPEG-4 不再只是一种具体的数据压缩算法，而是一种为满足数字电视、交互式绘图应用、交互式多媒体等多方面内容整合及压缩需求而制定的国际标准。

H.264 是目前 H.26X 系列标准中最新版本的压缩技术,其目的是为了解决高清数字视频体积过大的问题。H.264 由 ISO 和 ITU－T 联合推出,它既是 ITU－T 的 H.264,又是 MPEG－4 的第 10 部分,因此无论是 MPEG－4 AVC,MPEG－4 Part 10,还是 ISO/IEC14496－10,实质上与 H.264 都完全相同。与 H.263 及以往的 MPEG－4 相比,H.264 最大的优势在于拥有很高的数据压缩比率。在同等图像质量条件下,H.264 的压缩比是MPEG－2的 2 倍以上,是原有 MPEG－4 的 1.5～2 倍。这样一来,观看 H.264 数字视频将大大节省用户的下载时间和数据流量费用。

AVI 是由微软公司所研发的视频格式,其优点是允许影像的视频部分和音频部分交错在一起同步播放,调用方便,图像质量好,缺点是文件体积过于庞大。

MOV 是由 Apple 公司所研发的一种视频格式,是基于 QuickTime 视频软件的配套格式。在 MOV 格式刚刚出现时,该格式的视频文件仅能够在 Apple 公司所生产的 Mac 机上进行播放。此后,Apple 公司推出了基于 Windows 操作系统的 QuickTime 软件,MOV 格式也逐渐成为使用较为广泛的视频文件格式

WMV 是一种可在互联网上实时传播的视频文件类型,其主要优点在于:可扩充的媒体类型、本地或网络回放、可伸缩的媒体类型、流的优先级化、多语言支持、扩展性等。

6.3 航拍图像编辑技巧

对于一名航拍摄影师来说,除了需要掌握视频编辑软件的基本使用方法外,还应当掌握一定的影视创作基础知识,才能够更好地进行素材的编辑工作。

6.3.1 蒙太奇与影视剪辑

蒙太奇是法文 montage 的译音,原本属于建筑学用语,用来表现装配或安装等。在电影创作过程中,蒙太奇是导演向观众展示影片内容的叙述手法和表现手段。接下来,将通过以下两点,简单了解影视创作中的蒙太奇。

6.3.1.1 蒙太奇的含义

在视频编辑领域,蒙太奇的含义存在狭义和广义之分。其中,狭义的蒙太奇专指对镜头画面、声音等诸元素编排、组合的手段。也就是说,在后期制作过程中,将各种素材按照某种意图进行排列,从而使之构成一部影视作品。由此可见,蒙太奇是将摄影机拍摄下来的镜头,按照生活逻辑、推理顺序、作者的观点构思及其美学原则联结起来的一种手段,是影视语言符号系统中的一种修辞手法。

6.3.1.2 蒙太奇的作用

在现代影视作品中,一部影片通常由 500～1 000 个镜头组成。每个镜头的画面内容、运动形式,以及画面与音响组合的方式,都包含着蒙太奇因素。而蒙太奇的作用主要体现在以下

几个方面：

1.概括与集中

通过镜头、场景、段落的分切与组接，可以对素材进行选择和取舍，这样一来，就可以突出画面重点，从而强调特征显著且富有表现力的细节。

2.引导注意

在影视素材剪辑之前，视频素材中的每个独立镜头都无法向人们表达出完整的寓意。然而，通过蒙太奇手法将这些镜头进行组接后，便能够达到引导观众注意力、影响观众情绪与心理，并激发观众丰富联想力的目的。

3.创造独特的画面时间

通过对镜头的组接，运用蒙太奇的方法可以对影片中的时间和空间进行任意的选择、组织、加工和改造，从而形成独特的表述元素——画面时空。而这种画面时空又可以使观众沉浸其中，获得不同于现实的感知经验。

4.形成不同的节奏

节奏是情节发展的脉搏，是画面表现形式与内容是否统一的重要表现，也是对画面情感和气氛的一种修饰和补充。它不仅关系到镜头造型，还涉及影片长度与分配问题，因此其发展过程不仅要根据剧情的进展来确定，还要根据拍摄对象的运动速度和摄像机的运动方式来确定。

5.表达寓意，创造意境

在对镜头进行分切和组接的过程中，蒙太奇可以利用多个镜头间的相互作用产生新的含义，从而产生一种单个画面或声音所无法表述的思想内容。例如，可以将少女和鲜花的镜头剪辑在一起，表示美人如花的隐喻；也可以将豪门里花天酒地的画面同路边石狮子下蜷缩的乞丐画面剪辑在一起，表达对“朱门酒肉臭，路有冻死骨”的揭露与控诉。

6.3.2　组接镜头的基础知识

无论是怎样的影视作品，都是将一系列镜头按一定次序组接后所形成的。然而，这些镜头之所以能够延续下来，并使观众将它们接受为一个完整融合的统一体，是因为这些镜头间的发展和变化秉承了一定的规律。因此，在应用蒙太奇组接镜头之前，还需要了解一些镜头组接的规律与技巧。

6.3.2.1　镜头组接规律

为了清楚地向观众传达某种思想或信息，组接镜头时必须遵循一定的规律，归纳后可分为以下几点：

1.符合观众的思想方式与影片表现规律

镜头的组接必须要符合生活与思维的逻辑关系。如果影片没有按照上述原则进行编排，必然会由于逻辑关系的颠倒，使观众难以理解。

2.景别的变化要采用循序渐进的方法

通常来说，一个场景内“景别”的发展不宜过分剧烈，否则便不易与其它镜头进行组接。相反，如果“景别”的变化不大，同时拍摄的角度变化也不大，也不利于与其它镜头的组接。因此在拍摄时应不断变换景别角度，以利于后期的剪辑制作。

3.镜头组接中的拍摄方向与轴线规律

轴线规律是指拍摄的画面是否有“跳轴”现象。在拍摄的时候，如果拍摄机的位置始终在主体运动轴线的同一侧，那么构成画面的运动方向、放置方向都是一致的，否则应是“跳轴”了，跳轴的画面除了特殊的需要以外是无法组接的，除非采用特殊的补救措施。

4.遵循“静接静、动接动”的原则

“动接动、静接静”指的是在剪辑过程中，镜头之间组接的技巧和规律。在航拍视频的剪辑过程中虽然大多数情况下是运动镜头的拍摄，但剪辑过程中，同样涉及固定镜头与运动镜头之间的剪辑处理。下面就简单介绍一下。

(1)静接静——固定镜头之间的组接。

1)一组固定镜头的组接，应设法寻找画面因素外在的相似性。画面因素包括许多方面，如环境、主体造型、主体动作、结构、色调影调、景别、视角等等。相似性的范围是十分广阔的，相似点要由创作者在具体编辑过程中确定。比如，可以把西湖美景的镜头按照春、夏、秋、冬顺序组接；也可以把游人观赏、划船、照相、购物组接在一起。

2)画面内静止物体的固定镜头相互连接时，要保证镜头长度一致。长度一致的固定镜头连续组接，会赋予固定画面以动感和跳跃感，能产生明显的节奏效果和韵律感。如果镜头长度不一致，有长有短，那么观众看了以后就会感到十分杂乱，影响镜头的表现。

3)画面内主体运动的固定镜头相互连接时，要选择精彩的动作瞬间，并保证运作过程的完整性。比如一组表现竞技体育的镜头，百米的起跑、游泳的入水、足球的射门、滑雪的腾空、跳高的跨杆这五个固定镜头组合。因为选择了精彩的动作瞬间，观众会感受到画面很强的节奏感，这些镜头的长度不可能一致。

4)在镜头组接的时候，如果遇到同一机位，同景别又是同一主体的画面是不能组接的。因为这样拍摄出来的镜头景物变化小，一幅幅画面看起来雷同，接在一起好像同一镜头不停地重复。另一画面，这种机位，景物变化不大的两个镜头连接在一起，只要画面中的景物稍有变化，就会在人的视觉中产生跳动或者好像一个长镜头断掉了好多次，有“拉洋片”“走马灯”的感觉，破坏了画面的连续性。如果遇到这样的情况，除了把这些镜头重拍以外(这对于镜头量少的节目片可以解决问题)，对于其它同机位、同景物的时间持续长的影视片来说，采用重拍的方法就显得浪费时间和财力了。最好的方法是采用过渡镜头。如从不同角度拍摄再组接，穿插字幕过渡，让表演者的位置、动作变化后再组接。这样组接后的画面就不会产生跳动、断续和错位的感觉。

(2)动接动——运动镜头之间的组接。

1)主体不同、运动形式不同的镜头相连，应除去镜头相接处的起幅和落幅。主体不同是指若干个镜头所拍摄的内容不同；运动形式不同是指推、拉、摇、移、跟等不同的镜头运动方式。例如，报道50周年庆典新闻中的一组镜头：

镜头画面内容；

摇镜头，天安门城楼；

推镜头，升旗仪式；

摇镜头，国旗护卫队敬礼；

拉镜头，从几位儿童拉出天安门广场大全景。

这些运动镜头在组接时，要求在运动中切换，只保留第一个摇镜头的起幅和最后一个镜头的落幅，而四个镜头相接处的起幅和落幅都要被去掉。此外，尽量选择运动速度较相近的镜头相互衔接，以保持运动节奏的和谐一致，使整段画面自然流畅。

2)主体不同，运动形式相同的镜头相连，应视情形决定镜头相接处的起幅、落幅的取舍。第一，主体不同，运动形式相同、运动方向一致的镜头相连，应除去镜头相接处的起幅和落幅。比如在介绍优美的校园环境时，一次次地拉出形成一步步展示的效果，使观众从局部看到全部，从细部看到整体。第二，主体不同，运动形式相同但运动方向不同的镜头相连，一般应保留相接处的起幅和落幅。例如：

镜头 1：游行方队（右摇镜头）；

镜头 2：领导人观看（左摇镜头）。

这两个镜头都是摇镜头，前一个是右摇，后一个是左摇。在组接时，两镜头衔接处的起幅和落幅都要作短暂停留，让观众有一个适应的过程。如果把衔接处的起幅和落幅去掉，形成了动接动的效果，那么观众的头便会像拨浪鼓一样随着镜头晃来晃去，一定是不太舒服。特别值得注意的是，如果主体没有变化，左摇右摇的镜头是不能组接在一起的，推拉镜头也一样。

(3)固定镜头和运动镜头组接。

第一，前后镜头的主体具有呼应关系时，固定镜头与运动镜头相连，应视情况决定镜头相接处起落幅的取舍。比如：

镜头 1：跟镜头：运动员带球前进、射门；

镜头 2：固定镜头：观众欢呼。

这两个镜头相接时，跟镜头不需要保留落幅，直接从动切换到固定镜头即可。再比如：

镜头 1：固定镜头：一个人坐在行进的车窗边远眺；

镜头 2：移镜头：田野美好风光。

这两个镜头组接时，也不必要保留移镜头的起幅。通过上述实例，我们发现，表现呼应关系时，相互衔接的两个镜头中，运动镜头是跟和移两种形式时，固定镜头与运动镜头相接处的起幅和落幅往往被去掉。如果相互衔接的两个镜头中，所拍摄的运动镜头是推、拉、摇等形式时，固定镜头与运动镜头的起幅和落幅就要留着。比如，用一个固定镜头拍一个人进门，惊讶地发现自己家被盗了，后面接着看到家中一片狼藉的摇镜头。这两个镜头连接时，摇镜头的起幅应保持短暂停留。

第二，前后镜头不具备呼应关系时，固定镜头与运动镜头相连，镜头相接处的起幅和落幅要保持短暂的停留。

如果画面中同一主体或不同主体的动作是连贯的，可以动作接动作，达到顺畅、简洁过渡的目的，简称为“动接动”。如果两个画面中的主体运动是不连贯的，或者它们中间有停顿时，那么这两个镜头的组接，必须在前一个画面主体做完一个完整动作停下来后，接上一个从静止到开始的运动镜头，这就是“静接静”。“静接静”组接时，前一个镜头结尾停止的片刻叫“落幅”，后一个镜头运动前静止的片刻叫作“起幅”，起幅与落幅时间间隔大约为一两秒钟。运动镜头和固定镜头组接，同样需要遵循这个规律。如果一个固定镜头要接一个摇镜头，则摇镜头开始要有起幅；相反一个摇镜头接一个固定镜头，那么摇镜头要有“落幅”，否则画面就会给人一种跳动的视觉感。为了特殊效果，也有静接动或动接静的镜头。

6.3.2.2 镜头间组接的节奏统一

影视节目的题材、样式、风格以及情节的环境气氛、人物的情绪、情节的起伏跌宕等是影视节目节奏的总依据。影片节奏除了通过演员的表演、镜头的转换和运动、音乐的配合、场景的时间空间变化等因素体现以外，还需要运用组接手段，严格掌握镜头的尺寸和数量。整理调整镜头顺序，删除多余的枝节才能完成。也可以说，组接节奏是教学片总节奏的最后一个组成部分。

处理影片节目的任何一个情节或一组画面，都要从影片表达的内容出发来处理节奏问题。如果在一个宁静祥和的环境里用了快节奏的镜头转换，就会使得观众觉得突兀跳跃，心里难以接受。然而在一些节奏强烈，激荡人心的场面中，就应该考虑到种种冲击因素，使镜头的变化速率与青年观众的心理要求一致，以增强青年观众的激动情绪，达到吸引和模仿的目的。

提　示

在航拍视频的剪辑过程中，整个飞行过程拍摄的速度控制，航拍片段与固定画面之间的剪辑衔接都是节奏处理的变化。航拍视频拍摄受飞行器飞行的速度、镜头等参数的影响，视频拍摄一般以“移镜头”“空镜头”为主，因此在剪辑素材的过程中一定要注意到前后镜头的速度、景别、方向的相互匹配。

6.4 后期调色和特效

首先需要强调的是，在航拍之前，工作人员应当正确设定航拍摄影器材的影像参数，特别是色彩信息，需要在起飞拍摄前进行校正。但是，通常航拍器拍摄的视频，受到当天拍摄的天气情况、光线等自然因素的影响，也会出现亮度不够、低饱和度、偏色等情况，此时就需要启动 Premiere Pro CC 的颜色校正模块，Premiere Pro CC 提供了快速颜色校正、亮度校正器、RGB 颜色校正器、三向颜色校正效果、颜色平衡效果等效果专门针对校正画面偏色的情况。

6.4.1 快速颜色校正器

【新建项目】【新建序列】【导入】素材，将素材拖动到时间线面板上，打开【效果面板】，在视频特效中选择【快速颜色校正器】，将其拖动到 V1 轨道上的上，打开【效果控件】面板，参数设置如图 6.41 所示，在该面板中，通过设置该效果的参数，可以得到不同的效果，如图 6.42 所示。

☆输出。该下拉列表设置输出选项。其中包括合成、亮度两种类型，如果启用【显示拆分视图】选项，则可以设置为分屏预览效果。

☆布局。该下拉列表用于设置分屏预览布局，包含水平和垂直两种预览模式。

☆拆分视图百分比。该选项用于设置分配比例。

☆白平衡。该选项用于设置白平衡，用户也可以使用吸管工具选择画面中的白色色彩信息来调整。

☆色相平衡和角度。该调色盘是调整色调平衡和角度的，可以直接使用它来改变画面的色调。

☆色相角度。该选项用于控制引入视频的颜色强度。

☆平衡增益。该选项用于设置色彩的饱和度。

☆平衡角度。该选项用于设置白平衡角度。

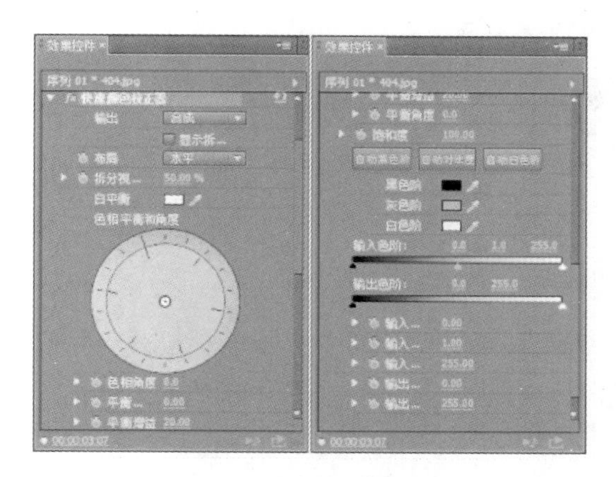

图 6.41　参数设置面板

图 6.42　改变参数后的效果

☆饱和度。该选项用于调整整个视频的色彩饱和度。

【自动黑色阶】【自动对比度】与【自动白色阶】按钮分别改变素材的黑、白、灰的程度，也就是素材的暗调、中间调和亮调。当然，同样可以设置下面的【黑色阶】【灰色阶】和【白色阶】选项来自定义颜色。

【输入色阶】与【输出色阶】选项分别设置图像中的输入和输出范围，可以拖动滑块改变输入和输出的范围，也可以通过该选项渐变条下方的选项参数值来设置输入和输出的范围。其中，滑块与选项参数值相对应，在其中一方设置后，另一方同时改变参数。

6.4.2　亮度校正器

【亮度校正器】效果是针对视频画面的明暗关系进行调整的，将该效果拖动到轨道上的素材上，在【效果控件】面板中的效果选项进行调整，部分参数与【快速颜色校正器】参数效果相同，其中【亮度】和【对比度】选项是该效果独有的，如图 6.43 所示。

在【效果控件】面板中，【亮度】值增大，可以提高画面亮度，【亮度】值降低，可以降低画面亮度，同理，【对比度】值增高，增强画面的对比度，反之则降低画面的对比度，如图 6.44 所示。

6.4.3　RGB 颜色校正器

【RGB 颜色校正器】效果中的参数绝大部分已经做过介绍，同其它效果不同的是它包含了一个 RGB 效果参数设置选项。通过改变选项中的红、绿、蓝中的参数可以改变整体视频影像中的色彩信息，其参数面板信息及调整效果，如图 6.45 所示。

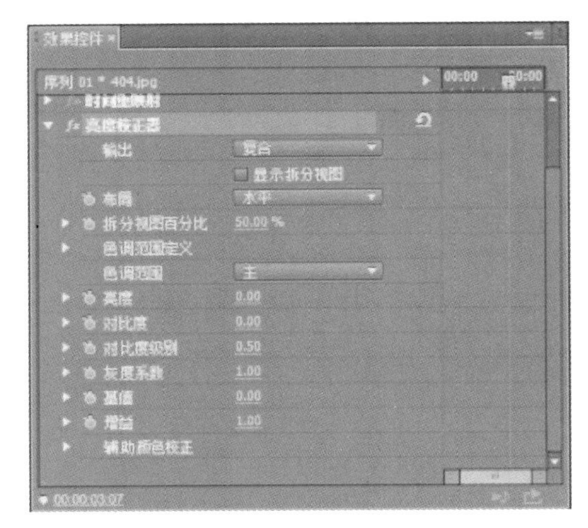

图 6.43 【效果控件】面板

图 6.44 改变效果参数

图 6.45 RGB 效果参数设置

6.4.4 三向颜色校正器

【三向颜色校正器】效果是通过黑、白、灰三个调色盘来分别调节不同色相的平衡和角度的。该效果的其它参数和前面讲到的效果参数是相同的，其效果面板信息及调整效果，如图 6.46 所示。

图 6.46　【三向颜色校正器】

思考与练习题

1.当下主流的剪辑软件都有哪些?

2.简述蒙太奇的狭义理解。

3.镜头组接的一般规律是怎样的?

4.请将素材中的航拍视频 3.mov 按照剪辑的一般工作流程剪辑成为一个 2 min 左右的成品,要求输出格式为 MP4。

第 7 章　无人机飞行安全

7.1　飞 行 安 全

如今，民用无人机的应用非常广泛，包括农业、电力、石油、减灾、林业、气象、国土资源、警用、海洋、水利、测绘、城市规划等多个行业，无人机对我们的基础生活领域几乎无孔不入。但是，由无人机引发的各种担忧也应运而生，尤其是在安全方面的隐患，成为监管部门限制无人机发展的一个重要因素。

7.1.1　民用无人机安全隐患

1.可能与飞机相撞

随着隔离运行方式渐渐难以满足无人机日益增长的应用需求，将来会有更多无人机飞进融合空域，与有人驾驶飞机、鸟类等空中飞行物的碰撞问题日益凸显。

2014 年 11 月，在美国最繁忙的纽约肯尼迪国际机场，一架无人机三次靠近民航大客机，最近距离只有“几英尺”，若无人机被民航的发动机吸入，将造成不堪想象的后果。

无人机的大量出现一定程度上扰乱了空中飞行秩序，尤其是不遵守监管规定、超越规定空域飞行的无人机，给客机飞行安全造成了极大威胁。

2.运送货物掉落

亚马逊等许多电商公司都希望利用无人机来运送小件包裹，但在美国，由于联邦航空局不允许任何商用无人机飞行，无人机的使用受到了制约。

有观点认为，无人机飞行途中出现的树木、电线等障碍物会影响货物投递的准确度，货物掉落或是无人机没电坠落也可能砸中人的头部，且无人机飞行还受到风力、天气状况的制约和自身承重能力的影响，因此安全性不高。

3.黑客控制

无人机算是一种智能设备，这就意味着它成了黑客潜在的攻击对象。2013 年，美国黑客 Samy Kamkar 设计了一款无人机——SkyJack，给整个行业敲响警钟。SkyJack 能够自主飞行，可通过无线信号入侵其他无人机，进行破坏。一旦入侵，SkyJack 就会接管其他无人机的摄像头和控制系统，为所欲为。如果觉得还不够劲，它还可以用笔记本电脑、Linux Box 或者其他设备进行连接，只要你愿意，甚至还能把别人的无人机开回来——等于是把人家“劫持”回来了。

4.无人机攻击

2014 年 9 月，一名德国海盗党成员操纵无人机使之坠毁于德国总理默克尔身前表达抗议，引起了公众对无人机袭击事件的担忧。除了蓄意攻击，无人机还存在不少误伤的情况。2013 年，在弗吉尼亚州赛车公园里，一架无人机撞到了坐着成千上万的观众的看台上，致使数人受伤。

5.窥视带来的隐私危机

2014 年，美国西雅图一名住在 26 层的女子因发现在其换衣服时，有一架无人机在窗外盘旋，怀疑有人偷窥而报警，尽管事后查证飞行器的操控者只是在用它为房产商拍摄图片，但是这一事件的确引起了人们对不法之徒利用无人机窥探个人隐私的担忧。

当无人机携带相机变成监视工具，在人们难以触及的头顶上空进行窥视和刺探时，受害者往往不堪其扰，正是因为安全和隐私方面的担忧，美国联邦航空管理局（FAA）对无人机监管政策一直不肯放开。

6.运毒新手段

无人机本身具有轻便的特点，加上获得渠道方便、价格选择空间大，极容易成为不法分子实施犯罪的工具，且侦察和监管难度较大，从而引起社会治安危机和人们的心理恐慌。2016 年 1 月，一架携带冰毒进入美国边境的无人机被拦截，据美国禁药取缔机构表示，无人机已成为运输毒品过境的常见手段。

无人机技术发展日新月异，应用场景越来越多，提高无人机的安全性能和制定监管法规规范无人机的使用是当务之急，解决好安全性问题，开发无人机潜在价值的论题才有意义。

7.1.2　安全应对措施

为了无人机航拍时更安全，必须要记住以下十几个危险地带，尽量避免在这些地方飞行。如果确实需要在这些地方航拍，一定要谨慎飞行，做好必要的安全防范，确保飞行安全。

1.机场

无人机是载人飞机的天敌，如果无人机闯入飞机的飞行范围，会严重威胁到飞机以及上面乘客的安全，必须严格遵守机场及周边范围内对无人机的禁飞规定。现时不少无人机厂商，已经在无人机固件当中加入机场及各大敏感区域的禁飞信息，一旦无人机检测到正处于禁飞区内，电机是不能启动的。因此，如果你知道附近有机场，就请先咨询无人机厂家，确定所在位置并非禁飞区或者限制飞行区域，之后才能操作无人机。

2.高楼林立的 CBD

无人机通常靠 GPS 卫星定位，配合各种传感器从而实现自主悬停。但在高楼林立的 CBD，由于玻璃幕墙会反射 GPS 信号，造成定位的不准，甚至定位错乱。因此在这些地方操作无人机，很有可能会出现漂移、乱飞等意想不到的情况。而这些高楼通常也存在众多杂乱的无线电信号（例如各种 wifi），对无人机的控制干扰也是相当明显的。因此，如果真的要在 CBD 地区操作无人机，请尽量寻找一个相对空旷的地方起飞，尽量避免在楼宇之间飞行。

3.人群聚集的地方

这个纯粹是为了避免引起非常严重的第三者伤害。试想一下，一架无人机失控炸机，炸在平地上，损失的只是无人机本身；而如果炸在一群人当中，极有可能造成人员伤亡。因此，应尽量避免在人群头顶上飞行，要是真的要拍人群，请在人群聚集地区的边缘以外位置飞行，尽量远离人群。

4.高压线

高压电线所产生的电磁干扰是非常明显的，而且越靠近电线，干扰强度就越大。除此之外，无人机在空中，通过图传回传的画面，比较难发现高压线，而且用肉眼去观察无人机，也比较难判断其与高压线之间的距离，挂到高压线的情况自然也很难避免。因此，尽量不要靠近高压线，远远地拍就好了。

5.手机基站

相较于高压线，其实手机基站更容易被我们忽略，因为确实周围什么地方都会有，而且显得更隐蔽。手机基站同样会发射无线电波，而手机基站更多的是干扰无人机与地面之间的遥控信号，尤其是最近大肆建设的4G基站，已经证实移动4G基站对Futaba的2.4G遥控信号有明显干扰，具体表现是遥控距离大幅度缩短。手机基站在城市中，一般都是建立在房子屋顶，因此飞行时要避开这些位置。如果操作时发现遥控距离明显缩短，先观察一下周围有没有手机基站。

6.很多人放风筝的地方

如果说无人机是载人飞机的天敌，而无人机的天敌，可以说是风筝了。放风筝时那条长长的线，其实基本是看不清楚的，要是操作无人机碰到这条线，电机和螺旋桨会迅速卷上风筝线，轻则影响无人机飞行姿态，重则直接锁死电机，无人机可能直接坠落。基本上，无人机面对风筝，是毫无还手之力的。因此，看见附近有人玩风筝，一定要远离。

7.有强风的地方

无人机飞在天上，靠的是螺旋桨带动的下洗气流产生的推力，而当环境有风时，就需要分配一定的向下动力转变成向侧动力，从而抵消风的影响。当环境风力大到超过无人机动力系统的剩余储备时，无人机自然就维持不了当前定点，会被风吹走。因此在强风环境下，无人机是很难维持准确定位的，甚至很难维持一个相对平稳的姿态，极容易出现意外。基本上无人机机身尺寸越大、动力系统储备越高，抗风能力就越高。但是要抵消风的影响，要消耗更多的电力，续航时间会大大缩短。

8.钢筋混凝土地面

这里要突出“钢筋”混凝土，单纯的混凝土是没事的。可能这一点也有不少人没发现，当无人机放在平地时，系统无故出现“指南针受干扰”的提示，明明周围都没有金属物件，哪来的指南针干扰？其实可能就在无人机下面的平地中，使用了带钢筋结构的混凝土浇灌。钢筋这类金属物件是会干扰无人机的指南针工作的。遇到这种情况，可能换个起飞点就没事了。

9.铁塔

这个铁塔跟上面的钢筋混凝土类似，同样是金属物件干扰指南针工作。别以为金属物件不带磁就没事，照样会影响电子罗盘(指南针)的工作。因此，如果要靠近铁塔飞行，谨记要做好随时远离的准备。

10.铁矿

铁矿也是会干扰无人机指南针工作的地方，巨大的、隐蔽的金属就在地面以下，如果是一个还没开采的铁矿，就更难发现了。如果要到深山飞行，起飞前可以询问一下当地人，周围的山体都是些什么类型的岩石。

11.深水码头

深水码头的危险性，体现在“深”，如果无人机出现什么问题而掉落水中，基本上都是打捞不了的。而且码头四周都是金属物件，尤其是各种货轮，简直就是一大坨金属，危险性相当高。

12.远离海岸的水面

海岸，一般风力都不会小，而海岸以外的空中，风力更大。小型无人机在这些环境中飞行，要面对的强风环境，就如上述第8点所示，危险性不小。而且这样的水面环境，基本上炸机都是不用再想打捞的。

13.军事设施

军事设置由于相对敏感，所以未经许可绝对不能靠近。另外军事雷达的功率一般都比较大，近距离被扫到的话，无人机上面的传感器很有可能会受损，稍远一点距离被扫到，也有可能会出现干扰。

7.2　无人机监管

近年来，无人机在迅猛发展的同时也带来了一系列的诸如反恐、航天、隐私等各方面的隐患问题，引起了不少国家的关注，无人机立法也逐渐取得进步。继美国2015年颁布了无人机法案之后，日本国会也于2016年4月17日正式通过了一部新的无人机管制法，该法最大的亮点在于警方可以对可疑无人机进行摧毁。

无人机作为信息时代高技术含量的产物，已成为世界各国加强国防建设和加快信息化建设的重要标志。众多发达国家和新兴工业国家，无不十分重视无人机的研究、发展和应用。当前，除了在军事上广泛应用，无人机在警用、气象、农林，甚至勘探等民用领域也大展身手，世界诸多无人机发展先进国家已将其作为推动新兴产业发展、满足社会经济活动需要的重要手段和重点选择。

国外民用无人机发展取得阶段性进展。美国NASA成立了无人机应用中心，专门开展无人机的各种民用研究。它同美国海洋与大气局合作利用无人机进行天气预报、地球变暖和冰川消融等科学研究。2012年2月14日，奥巴马签署了《2012联邦航空管理局(FAA)现代化与改革法》，该法核心是向民用无人机开放空域，促进无人机技术的发展与应用。以色列是全球范围无人机设计制造技术最为先进的国家之一，现已组建了一个民用无人机及其工作模式的试验委员会，并在2012年举行了国际无人机系统协会展会。英国已经向130多家企业和政府机构颁发许可。目前日本拥有2 000多架已注册农用无人直升机，操作人员14 000多人，成为世界上农用无人机喷药第一大国。

我国民用无人机起步不算晚。20世纪80年代初，西北工业大学D—4固定翼无人机为地图测绘和地质勘探做了尝试。1998年，南京航空航天大学在珠海航展中展出“翔鸟”无人直升机，其用途包含有森林火警探测和渔场巡逻。近些年由于需求牵引，特别是一些自然灾害频发，亟须有一种灾情监视评估和搜救手段，从而引起有关方面对民用无人机的关注。在汶川、玉树、雅安地震和舟曲泥石流、天津爆炸等灾难中，无人机早已成为了一支独特的应急监测和救援队伍。

国内拥有无人机生产企业已超过400家，从业人员突破10万人。随着我国加快推进实施“中国制造2025”，无人机产业会成为未来市场焦点。但是由于国内缺乏有力的监管手段，无人机发展将会受到影响。

与无人机管理相关的组织机构有中国民用航空局、工业和信息化部和行业协会等。其中，中国民用航空局主要负责民用无人机空中交通管理，其下设的中国航空器拥有者及驾驶员协会(AOPA)主要负责部分无人机驾驶员资质管理；工信部的装备司主要负责无人机制造业行业管理，无管局主要负责无人机驾驶航空器系统频率资源的规划指配及非航空频段无线电发射设备监管等。工信部无管局已发布《关于无人驾驶航空器系统频率使用事宜的通知》，规划840.5～845 MHz，1 430～1 444 MHz和2 408～2 440 MHz频段用于无人驾驶航空器系统。

民航局已出台《关于民用无人机管理有关问题的暂行规定》《民用无人机空中交通管理办法》《民用无人驾驶航空器系统驾驶员管理暂行规定》等一系列规范性文件。但随着技术的日趋成熟，应用领域的日益广泛，飞行活动的日益频繁，还是难以形成有效监管。

法律方面，民用无人机是否属于航空器目前没有明确的规定。在出现法律纠纷时，适用普通不动产的法律制度还是适用航空器的法律制度也成为难题。空管方面，已出台的相关文件缺少具体流程，未明确具体管理部门，只笼统地对民用无人机的空域使用做了说明。技术标准方面，由于国家还没有形成权威的研发、制造和设计标准，目前各生产企业都是依据自己的标准来生产的，质量参差不齐，再加上大多数生产企业是从生产航模或有人驾驶航空器的企业转型而来的，并非传统无人机制造企业，经验不足，产品的性能和适航性难以保证，结果不仅造成重复研发投入、低水平竞争、资金浪费，还会导致不安全事件的发生。产业管理方面，尚未有一个明确的市场准入标准和法律法规，对于具备何种条件的企业能够有资格生产无人机没有评价规定。

为解决监管存在的问题，应该从以下几个方面重点考虑。

一是健全法律法规。明确无人机的法律属性，即是否界定为航空器，便于在处理法律纠纷时，有适用的法律制度；加快出台《无人机空域管理规定》，明确无人机空域申请、管理等相关细则；对于《关于民用无人机的管理有关问题的暂行规定》中要求的相关操作，明确具体管理部门及操作流程，加强实操性。二是加强标准化建设。建立无人机标准化工作组织，推进无人机的数据传输链路、数据处理、控制系统、导航系统、设备电磁兼容管理等诸多方面相关标准研究。三是建议加快制定无人机分类标准，完善技术标准、环保标准、安全标准等行业标准，研究无人机无线电管控解决方案，逐步提升无人机无线电管控能力。规范无人机的生产、销售等环节。

【资料链接】

近年，环球吹起航拍热潮，不少人连旅行都会带着航拍无人机玩航拍，不过不同国家和地区都有各自关于无人机的法律法规。在香港大家大概还知道维多利亚港两岸禁飞，但人在外地旅行，你又是否知道哪里能飞哪里不能飞呢？曾经有一名香港游客在柬埔寨首都金边使用航拍机拍摄皇宫，被当地警方扣留，虽然随后获释，但仍要签署承诺书，承诺不会重犯。以下是部分国家和地区对无人机的规定。

澳洲：海滩上空禁止飞行。

只能在天气好的日子作日间飞行，高度不能超过123 m，没明确的飞行距离限制，但必须目视范围内可见。机场半径5.5 km范围内为禁飞区，比不少国家宽松，另外亦不能在交通工具、船只、楼宇的30 m内飞行，除非你是持有人或已获许可。值得留意，除人群上空不能飞行外，海滩上空也是禁止飞行的。较意外的是，澳洲有针对 FPV(First - Person View)机种的条例，那就是不容许玩家只用 FPV 视像系统飞行，这是其它国家较少去管制的。

奥地利：有执照可以飞。

奥地利的航拍管制甚少，只要飞行高度在 150 m 以下，而且在目视范围内飞行就可以，但前提是，你要有奥地利飞行执照(Austrian pilot license)或通过奥地利飞行考试(Austrian air law)。

加拿大：不同质量不同限制。

法例非常仔细，2 kg，2～25 kg，25～35 kg 皆有不同的要求。值得留意，2 kg 以上的机种就需要实名登记，而 2 kg 以下就要留意不能使用 FPV 器具作飞行。建议在天气极佳的日照时间下飞行，即使有云有雾也不能飞行。机场半径 9 km 范围内为禁飞区，其它区域的飞行限高 90 m，亦不能在人、动物、建筑物、交通工具的 150 m 范围内飞行，本身航拍机也要在目视范围内操作。如主流的航拍常识，私人物业需持有人许可才能拍摄，而桥、公路等不宜飞近，军事设施、监狱、火山范围亦禁飞。

法国：巴黎不能飞。

建议在天气极佳的日照时间下飞行，即使有云有雾也不能飞行。机场半径 5 km 范围内为禁飞区，其它区域的高度限制为 150 m，人多的大型活动也禁止使用。值得留意，官方只说禁飞区禁飞，但却没有提点，整个巴黎其实都是禁飞区。另外，核装置半径 2.5 km 内及高度 1 000 m 内都是禁飞区。

美国：大部分国家公园不能飞。

机场半径约 8 km 范围内，以及政府建筑身上空皆为禁飞区，其它地方的飞行高度限制是 120 m，需在目视范围内飞行。不过美国不同的州份会有不同的禁飞区，例如：圣莫妮卡海岸、美国国家公园、加州州立公园都属禁飞之列，这些地方都会有无人机禁止飞行的标示。

柬埔寨：全面禁止。

除非有特别许可，否则全面禁止无人机使用。

泰国：要申请，也不能低飞。

法例暂时针对两类航拍机，第一类是运动、教育、研究用途，第二类是个人应用。前者有高度和使用范围的限制，后者则因隐私和安全理由不能配备拍摄镜头，商业拍摄在申请许可后则不在此列。泰国方面对飞行高度有严格限制，只可在 15 m 至 150 m 的高度间使用。不可以低飞，理由是会影响民居。总的来说，除非有特别许可，否则跟全面禁止无人机使用无大分别。

马来西亚：不可重过 20 kg。

机体质量不多于 20 kg，而飞行高度不能高于 123 m，另外在机场附近亦禁飞。据知马来西亚当局有意把航拍机登记实名化，但暂时仍未落实。

新加坡：不可用无人机携带危险品。

机体在 7 kg 以下无人机，飞行高度不高于 200 ft(即 61 m 左右)，在机场范围 5 km 之外，则不用申请。不过法例特别标明无人机不能携带任何危险物，而主要的政府建筑物和军事建筑物上空禁止飞行。

日本：东京及大阪所有公园全面禁飞。

机场半径约 9 km 范围内禁飞，其它地方的飞行高度限制是 150 m。皇宫、机场、首相府以及主要建筑物如核电厂皆禁飞。比较特别是路面上不能飞行，因为涉及交通法，而东京及大阪的所有公园亦全面禁飞。另外，必须于日间飞行。

韩国：日出日落不能飞行。

跟日本相似，机场半径约 9 km 范围内禁飞，其它地方的飞行高度限制是 150 m。军事、政府建筑物为禁飞区，而人多的地方如运动场、演唱会中也不能使用。不但不能在晚间飞行，甚至日出日落时也不能飞行。其实限制跟其它国家相近，不过韩国就表明会严打不遵守规则者，尤其是没有申请的商业飞行，有可能会监禁一年及罚款 27 000 美元。

台湾地区：15 kg 以上要买保险。

虽然法案未正式出台，但关方面已提出了全新修订，使用 15 kg 以上的航拍机必须向民航部门申请，而且要购买保额 300 万台币以上的保险。即使低于此质量，亦必须于日间飞行，高度限制在 123 m 以下，用户也不能同时使用多于一部航拍机。

新西兰：花些金钱可飞得更过瘾。

最新规定游客不能在公共场所使用航拍机。商业拍摄不必申请，但跟一般使用一样，即限高 123 m，日照时间内飞行，不能在机场范围 4 km 内使用航拍机，另要在目视范围内飞行。天气没限制，但能见度要在 3 km 之内。如果想飞高点飞远点，亦可选择支付 600 美元到新西兰民用航空管理局取得飞行认证。

英国：隐私问题更要关注。

目视范围内使用，限远 500 m，限高度 122 m。法例竟然没有列明机场范多少千米内是禁飞区，只说远离该范围。不能在距离人、车辆或建筑物 50 m 以内飞行，在人口稠密的街道、城市上空，大型集会如音乐会、体育赛事的范围亦不能使用。更要留意的，是要小心拍摄的影像会触犯隐私条例。7 kg 以上的会有更多的禁飞管制，如多于 20 kg 就要登记了。

附　　录

附录 1 《轻小型无人机运行(试行)规定》

1.目的

近年来,民用无人机的生产和应在国内外蓬勃发展,特别是低空、慢速微轻小型无人机数量快速增加,占到民用无人机的绝大多数。为了规范此类民用无人机的运行,依据 CCAR－91部,发布本咨询通告 。

2.适用范围及分类

本咨询通告适用范围包括:

2.1　可在视距内或外操作的、空机质量小于 116 千克、起飞全重不大于 150 千克的无人机,校正空速不超过 100 千米每小时;

2.2　起飞全重不超过 5 700 千克,距受药面高度不超过 15 米的植保类无人机;

2.3　充气体积在 4 600 立方米以下的无人飞艇;

2.4　适用无人机运行管理分类;

2.5　Ⅰ类无人机使用者应安全使用无人机,避免对他人造成伤害,不必按照本咨询通告后续规定管理。

2.6　本咨询通告不适用于无线电操作的航空模型,但当航空模型使用了自动驾驶仪、指令与控制数据链路或自主飞行设备时,应按照本咨询通告管理。

2.7　本咨询通告不适用于室内、拦网内等隔离空间运行无人机,但当该场所有聚集人群时,操作者应采取措施确保人员安全。

3.定义

3.1　无人机(UA: Unmanned Aircraft),是由控制站管理(包括远程操纵或自主飞行)的航空器,也称远程驾驶航空器(RPA: Remotely Piloted Aircraft)。

3.2　无人机系统(UAS: Unmanned Aircraft System),也称远程驾驶航空器系统(RPAS:Remotely Piloted Aircraft Systems),是指由无人机、相关控制站、所需的指令与控制数据链路以及批准的型号设计规定的任何其它部件组成的系统。

3.3　无人机系统驾驶员,由运营人指派对无人机的运行负有必不可少责任并在飞行期间适时操纵无人机的人。

3.4　无人机系统的机长,是指在系统运行时间内负责整个无人机系统运行和安全的驾驶员。

3.5　无人机观测员，由运营人指定的训练有素的人员，通过目视观测无人机，协助无人机驾驶员安全实施飞行。

3.6　运营人，是指从事或拟从事航空器运营的个人、组织或者企业。

3.7　控制站（也称遥控站、地面站），无人机系统的组成部分，包括用于操纵无人机的设备。

3.8　指令与控制数据链路（C2：Command and Control data link），是指无人机和控制站之间为飞行管理之目的的数据链接。

3.9　视距内运行（VLOS：Visual Line of Sight Operations），无人机驾驶员或无人机观测员与无人机保持直接目视视觉接触的操作方式，航空器处于驾驶员或观测员目视视距内半径500米，相对高度低于120米的区域内。

3.10　超视距运行（BVLOS：Beyond VLOS），无人机在目视视距以外的运行。

3.11　融合空域，是指有其它航空器同时运行的空域。

3.12　隔离空域，是指专门分配给无人机系统运行的空域，通过限制其它航空器的进入以规避碰撞风险。

3.13　人口稠密区，是指城镇、村庄、繁忙道路或大型露天集会场所等区域。

3.14　重点地区，是指军事重地、核电站和行政中心等关乎国家安全的区域及周边，或地方政府临时划设的区域。

3.15　机场净空区，也称机场净空保护区域，是指为保护航空器起飞、飞行和降落安全，根据民用机场净空障碍物限制图要求划定的空间范围。

3.16　空机重量，是指不包含载荷和燃料的无人机重量，该重量包含燃料容器和电池等固体装置。

3.17　无人机云系统（简称无人机云），是指轻小型民用无人机运行动态数据库系统，用于向无人机用户提供航行服务、气象服务等，对民用无人机运行数据（包括运营信息、位置、高度和速度等）进行实时监测。接入系统的无人机应即时上传飞行数据，无人机云系统对侵入电子围栏的无人机具有报警功能。

3.18　电子围栏，是指为阻挡即将侵入特定区域的航空器，在相应电子地理范围中画出特定区域，并配合飞行控制系统、保障区域安全的软硬件系统。

3.19　主动反馈系统，是指运营人主动将航空器的运行信息发送给监视系统。

3.20　被动反馈系统，是指航空器被雷达、ADS－B系统、北斗等手段从地面进行监视的系统，该反馈信息不经过运营人。

4.民用无人机机长的职责和权限

4.1　民用无人机机长对民用无人机的运行直接负责，并具有最终决定权。

4.1.1　在飞行中遇有紧急情况时：

a.机长必须采取适合当时情况的应急措施。

b.在飞行中遇到需要立即处置的紧急情况时，机长可以在保证地面人员安全所需要的范围内偏离本咨询通告的任何规定。

4.1.2　如果在危及地面人员安全的紧急情况下必须采取违反当地规章或程序的措施，机长必须毫不迟疑地通知有关地方当局。

4.2　机长必须负责以可用的、最迅速的方法将导致人员严重受伤或死亡、地面财产重大损失的任何航空器事故通知最近的民航及相关部门。

5.民用无人机驾驶员资格要求

民用无人机驾驶员应当根据其所驾驶的民用无人机的等级分类，符合咨询通告《民用无人驾驶航空器系统驾驶员管理暂行规定》(AC－61－FS－2013－20)中关于执照、合格证、等级、训练、考试、检查和航空经历等方面的要求，并依据本咨询通告运行。

6.民用无人机使用说明书

6.1　民用无人机使用说明书应当使用机长、驾驶员及观测员能够正确理解的语言文字。

6.2　Ⅴ类民用无人机的使用说明书应包含相应的农林植保要求和规范。

7.禁止粗心或鲁莽的操作

任何人员在操作民用无人机时不得粗心大意和盲目蛮干，以免危及他人的生命或财产安全。

8.摄入酒精和药物的限制

民用无人机驾驶员在饮用任何含酒精的液体之后的8小时之内或处于酒精作用之下或者受到任何药物影响及其工作能力对飞行安全造成影响的情况下，不得驾驶无人机。

9.飞行前准备

在开始飞行之前，机长应当：

9.1　了解任务执行区域限制的气象条件；

9.2　确定运行场地满足无人机使用说明书所规定的条件；

9.3　检查无人机各组件情况、燃油或电池储备、通信链路信号等满足运行要求。对于无人机云系统的用户，应确认系统是否接入无人机云；

9.4　制定出现紧急情况的处置预案，预案中应包括紧急备降地点等内容。

10.限制区域

机长应确保无人机运行时符合有关部门的要求，避免进入限制区域：

10.1　对于无人机云系统的用户，应该遵守该系统限制；

10.2　对于未接入无人机云系统的用户，应向相关部门了解限制区域的划设情况。不得突破机场障碍物控制面、飞行禁区、未经批准的限制区以及危险区等。

11.视距内运行(VLOS)

11.1　必须在驾驶员或者观测员视距范围内运行；

11.2　必须在昼间运行；

11.3　必须将航路优先权让与其它航空器。

12.视距外运行(BVLOS)

12.1　必须将航路优先权让与有人驾驶航空器；

12.2　当飞行操作危害到空域的其它使用者、地面上人身财产安全或不能按照本咨询通告要求继续飞行，应当立即停止飞行活动；

12.3　驾驶员应当能够随时控制无人机。对于使用自主模式的无人机，无人机驾驶员必须能够随时超控。

12.3.1　出现无人机失控的情况，机长应该执行相应的预案，包括：

a.无人机应急回收程序；

b.对于接入无人机云的用户，应在系统内上报相关情况；

c.对于未接入无人机云的用户，联系相关空管服务部门的程序，上报遵照以上程序的相关责任人名单。

13.民用无人机运行的仪表、设备和标识要求

13.1　具有有效的空地 C2 链路；

13.2　地面站或操控设备具有显示无人机实时的位置、高度、速度等信息的仪器仪表；

13.3　用于记录、回放和分析飞行过程的飞行数据记录系统，且数据信息至少保存三个月（适用于Ⅲ，Ⅳ，Ⅵ和Ⅶ类）；

13.4　对于接入无人机云系统的用户，应当符合无人机云的接口规范；

13.5　对于未接入无人机云系统的用户，其无人机机身需有明确的标识，注明该无人机的型号、编号、所有者、联系方式等信息，以便出现坠机情况时能迅速查找到无人机所有者或操作者信息。

14.管理方式

民用无人机分类繁杂，运行种类繁多，所使用空域远比有人驾驶航空器广阔，因此有必要实施分类管理，依据现有无人机技术成熟情况，针对轻小型民用无人机进行以下运行管理。

14.1　民用无人机的运行管理

14.1.1　电子围栏

a.对于Ⅲ，Ⅳ，Ⅵ和Ⅶ类无人机，应安装并使用电子围栏。

b.对于在重点地区和机场净空区以下运行Ⅱ类和Ⅴ类无人机，应安装并使用电子围栏。

14.1.2　接入无人机云的民用无人机

a.对于重点地区和机场净空区以下使用的Ⅱ类和Ⅴ类的民用无人机，应接入无人机云，或者仅将其地面操控设备位置信息接入无人机云，报告频率最少每分钟一次；

b.对于Ⅲ，Ⅳ，Ⅵ和Ⅶ类的民用无人机应接入无人机云，在人口稠密区报告频率最少每秒一次。在非人口稠密区报告频率最少每 30 秒一次；

c.对于Ⅳ类的民用无人机，增加被动反馈系统。

14.1.3　未接入无人机云的民用无人机运行前需要提前向管制部门提出申请，并提供有效监视手段。

14.2　民用无人机运营人的管理

根据《民用航空法》规定，无人机运营人应当对无人机投保地面第三人责任险。

15.无人机云提供商须具备的条件

15.1　无人机云提供商须具备以下条件：

15.1.1　设立了专门的组织机构；

15.1.2　建立了无人机云系统的质量管理体系和安全管理体系；

15.1.3　建立了民用无人机驾驶员、运营人数据库和无人机运行动态数据库，可以清晰管理和统计持证人员，监测运行情况；

15.1.4　已与相应的管制、机场部门建立联系，为其提供数据输入接口，并为用户提供空域申请信息服务；

15.1.5　建立与相关部门的数据分享机制，建立与其它无人机云提供商的关键数据共享机制；

15.1.6　满足当地人大和地方政府出台的法律法规，遵守军方为保证国家安全而发布的通告和禁飞要求；

15.1.7　获得局方试运行批准。

15.2　提供商应定期对系统进行更新扩容，保证其所接入的民用无人机运营人使用方便、数据可靠、低延迟、飞行区域实时有效。

15.3　提供商每 6 个月向局方提交报告，内容包括无人机云系统接入航空器架数，运营人数量，技术进步情况，遇到的困难和问题，事故和事故征候等。

16.植保无人机运行要求

16.1　植保无人机作业飞行是指无人机进行下述飞行：

16.1.1　喷洒农药；

16.1.2　喷洒用于作物养料、土壤处理、作物生命繁殖或虫害控制的任何其它物质；

16.1.3　从事直接影响农业、园艺或森林保护的喷洒任务，但不包括撒播活的昆虫。

16.2　人员要求

16.2.1　运营人指定的一个或多个作业负责人，该作业负责人应当持有民用无人机驾驶员合格证并具有相应等级，同时接受了下列知识和技术的培训或者具备相应的经验：

a.理论知识。

(1)开始作业飞行前应当完成的工作步骤，包括作业区的勘察；

(2)安全处理有毒药品的知识及要领和正确处理使用过的有毒药品容器的办法；

(3)农药与化学药品对植物、动物和人员的影响和作用，重点在计划运行中常用的药物以及使用有毒药品时应当采取的预防措施；

(4)人体在中毒后的主要症状，应当采取的紧急措施和医疗机构的位置；

(5)所用无人机的飞行性能和操作限制；

(6)安全飞行和作业程序。

b.飞行技能，以无人机的最大起飞全重完成起飞、作业线飞行等操作动作。

16.2.1　作业负责人对实施农林喷洒作业飞行的每一人员实施。

16.2.2　规定的理论培训、技能培训以及考核，并明确其在作业飞行中的任务和职责。

16.2.3　作业负责人对农林喷洒作业飞行负责。其它作业人员应该在作业负责人带领下实施作业任务。

16.2.4　对于独立喷洒作业人员，或者从事作业高度在 15 米以上的作业人员应持有民用无人机驾驶员合格证。

16.3　喷洒限制

实施喷洒作业时，应当采取适当措施，避免喷洒的物体对地面的人员和财产造成危害。

16.4 喷洒记录保存

实施农林喷洒作业的运营人应当在其主运行基地保存关于下列内容的记录：

16.4.1 服务对象的名称和地址；

16.4.2 服务日期；

16.4.3 每次作业飞行所喷洒物质的量和名称；

16.4.4 每次执行农林喷洒作业飞行任务的驾驶员的姓名、联系方式和合格证编号（如适用），以及通过知识和技术检查的日期。

17.无人飞艇运行要求

17.1 禁止云中飞行。在云下运行时，与云的垂直距离不得少于 120 米。

17.2 当无人飞艇附近存在人群时，须在人群以外 30 米运行。当人群抵近时，飞艇与周边非操作人员的水平间隔不得小于 10 米，垂直间隔不得小于 10 米。

17.3 除经局方批准，不得使用可燃性气体如氢气。

18.废止和生效

本咨询通告自下发之日起生效。2016 年 12 月 31 日前Ⅲ，Ⅳ，Ⅴ，Ⅵ和Ⅶ类无人机均应符合本咨询通告要求，在北京、上海、广州、深圳运行的Ⅱ类无人机也应符合本咨询通告要求；2017 年 12 月 31 日前适用无人机均应符合本咨询通告要求。

当其他法律法规发布生效时，本咨询通告与其内容相抵触部分自动失效；飞行标准司有责任依据法律法规的变化、科技进步、社会需求等及时修订本咨询通告。

中国民航局

附录 2 《民用无人机驾驶员管理规定》

1.目的

近年来随着技术进步，民用无人驾驶航空器（也称远程驾驶航空器，以下简称无人机）的生产和应用在国内外得到了蓬勃发展，其驾驶员（业界也称操控员、操作手、飞手等，在本咨询通告中统称为驾驶员）数量也在快速增加。面对这样的情况，局方有必要在不妨碍民用无人机多元发展的前提下，加强对民用无人机驾驶员的规范管理，促进民用无人机产业的健康发展。

由于民用无人机在全球范围内发展迅速，国际民航组织已经开始为无人机系统制定标准和建议措施（SARPs）、空中航行服务程序（PANS）和指导材料。这些标准和建议措施预计将在未来几年成熟，因此多个国家发布了管理规定。本咨询通告针对目前出现的无人机系统的驾驶员实施指导性管理，并将根据行业发展情况随时修订，最终目的是按照国际民航组织的标准建立我国完善的民用无人机驾驶员监管体系。

2.适用范围

本咨询通告用于民用无人机系统驾驶人员的资质管理。其涵盖范围包括但不限于：

(1)无机载驾驶人员的无人机系统；

(2)有机载驾驶人员的航空器,但该航空器可同时由外部的无人机驾驶员实施完全飞行控制。

(3)适用无人机分类：

分类	空机重量/千克	起飞全重/千克
Ⅰ	0＜w ≤1.5	
Ⅱ	1.5＜w ≤4	1.5＜w ≤7
Ⅲ	4＜w ≤15	7＜w ≤25
Ⅳ	15＜w ≤116	25＜w ≤150
Ⅴ	植保类无人机	
Ⅵ	无人飞艇	
Ⅶ	超视距运行的Ⅰ,Ⅱ类无人机	
Ⅺ	116＜w ≤5 700	150＜w ≤5 700
Ⅻ	w＞5 700	

注1:实际运行中,Ⅰ,Ⅱ,Ⅲ,Ⅳ,Ⅺ类分类有交叉时,按照较高要求的一类分类。

注2:对于串、并列运行或者编队运行的无人机,按照总重量分类。

注3:地方政府(例如当地公安部门)对于Ⅰ、Ⅱ类无人机重量界限低于本表规定的,以地方政府的具体要求为准。

3.法规解释

无论驾驶员是否位于航空器的内部或外部,无人机系统和驾驶员必须符合民航法规在相应章节中的要求。由于无人机系统中没有机载驾驶员,原有法规有关驾驶员部分章节已不能适用,本文件对此进行说明。

4.定义

本咨询通告使用的术语定义：

(1)无人机(UA:Unmanned Aircraft),是由控制站管理(包括远程操纵或自主飞行)的航空器,也称远程驾驶航空器(RPA:Remotely Piloted Aircraft)

(2)无人机系统(UAS:Unmanned Aircraft System),也称远程驾驶航空器系统(RPAS:Remotely Piloted Aircraft Systems),是指由无人机、相关的控制站、所需的指令与控制数据链路以及批准的型号设计规定的任何其它部件组成的系统。

(3)无人机系统驾驶员,由运营人指派对无人机的运行负有必不可少职责并在飞行期间适时操纵无人机的人。

(4)无人机系统的机长,是指在系统运行时间内负责整个无人机系统运行和安全的驾驶员。

(5)无人机观测员,由运营人指定的训练有素的人员,通过目视观测无人机,协助无人机驾驶员安全实施飞行,通常由运营人管理,无证照要求。

(6)运营人,是指从事或拟从事航空器运营的个人、组织或企业。

(7)控制站(也称遥控站、地面站),无人机系统的组成部分,包括用于操纵无人机的设备。

(8)指令与控制数据链路(C2:Commandand Control datalink),是指无人机和控制站之间为飞行管理之目的的数据链接。

(9)感知与避让，是指看见、察觉或发现交通冲突或其它危险并采取适当行动的能力。

(10)无人机感知与避让系统，是指无人机机载安装的一种设备，用以确保无人机与其它航空器保持一定的安全飞行间隔，相当于载人航空器的防撞系统。在融合空域中运行的Ⅺ、Ⅻ类无人机应安装此种系统。

(11)视距内(VLOS:Visual Line of Sight)运行，无人机在驾驶员或观测员与无人机保持直接目视视觉接触的范围内运行，且该范围为目视视距内半径不大于500米，人、机相对高度不大于120米。

(12)超视距(BVLOS:Beyond VLOS)运行，无人机在目视视距以外的运行。

(13)扩展视距(EVLOS:Extended VLOS)运行，无人机在目视视距以外运行，但驾驶员或者观测员借助视觉延展装置操作无人机，属于超视距运行的一种。

(14)融合空域，是指有其它有人驾驶航空器同时运行的空域。

(15)隔离空域，是指专门分配给无人机系统运行的空域，通过限制其它航空器的进入以规避碰撞风险。

(16)人口稠密区，是指城镇、乡村、繁忙道路或大型露天集会场所等区域。

(17)空机重量，是指不包含载荷和燃料的无人机重量，该重量包含燃料容器和电池等固体装置。

(18)无人机云系统(简称无人机云)，是指轻小民用无人机运行动态数据库系统，用于向无人机用户提供航行服务、气象服务等，对民用无人机运行数据(包括运营信息、位置、高度和速度等)进行实时监测。接入系统的无人机应即时上传飞行数据，无人机云系统对侵入电子围栏的无人机具有报警功能。

5.管理机构

无人机系统分类较多，所适用空域远比有人驾驶航空器广阔，因此有必要对无人机系统驾驶员实施分类管理。

(1)下列情况下，无人机系统驾驶员自行负责，无须证照管理：

A.在室内运行的无人机；

B.Ⅰ，Ⅱ类无人机(如运行需要，驾驶员可在无人机云系统进行备案。备案内容应包括驾驶员真实身份信息、所使用的无人机型号，并通过在线法规测试)；

C.在人烟稀少、空旷的非人口稠密区进行试验的无人机。

(2)下列情况下，无人机驾驶员由行业协会实施管理，局方飞行标准部门可以实施监督：

A.在隔离空域内运行的除Ⅰ，Ⅱ类以外的无人机；

B.在融合空域内运行的Ⅲ，Ⅳ，Ⅴ，Ⅵ，Ⅶ类无人机。

(3)在融合空域运行的Ⅺ，Ⅻ类无人机，其驾驶员由局方实施管理。

6.行业协会对无人机系统驾驶员的管理

(1)实施无人机系统驾驶员管理的行业协会须具备以下条件：

A.正式注册五年以上的全国性行业协会，并具有行业相关性；

B.设立了专门的无人机管理机构；

C.建立了可发展完善的理论知识评估方法，可以测评人员的理论水平；

D.建立了可发展完善的安全操作技能评估方法，可以评估人员的操控、指挥和管理技能；

E.建立了驾驶员考试体系和标准化考试流程，可实现驾驶员训练、考试全流程电子化实时监测；

F.建立了驾驶员管理体系，可以统计和管理驾驶员在持证期间的运行和培训的飞行经历、违章处罚等记录；

G.已经在民航局备案。

(2)行业协会对申请人实施考核后签发训练合格证，在第5条第(2)款所述情况下运行的无人机系统中担任驾驶员，必须持有该合格证。

(3)训练合格证应定期更新，更新时应对新的法规要求、新的知识和驾驶技术等内容实施必要的培训，如需要，应进行考核。

(4)行业协会每六个月向局方提交报告，内容包括训练情况、技术进步情况、遇到的困难和问题、事故和事故征候、训练合格证统计信息等。

7.局方对无人机系统驾驶员的管理

(1)执照要求：

A.在融合空域3 000米以下运行的Ⅺ类无人机驾驶员，应至少持有运动或私用驾驶员执照，并带有相似的类别等级(如适用)；

B.在融合空域3 000米以上运行的Ⅺ类无人机驾驶员，应至少持有带有飞机或直升机等级的商用驾驶员执照；

C.在融合空域运行的Ⅻ类无人机驾驶员，应至少持有带有飞机或直升机等级的商用驾驶员执照和仪表等级；

D.在融合空域运行的Ⅻ类无人机机长，应至少持有航线运输驾驶员执照。

(2)对于完成训练并考试合格人员，在其驾驶员执照上签注如下信息：

A.无人机型号；

B.无人机类型；

C.职位，包括机长、副驾驶。

(3)熟练检查：

驾驶员应对每个签注的无人机类型接受熟练检查，该检查每12个月进行一次。检查由局方可接受的人员实施。

(4)体检合格证：

持有驾驶员执照的无人机驾驶员必须持有按中国民用航空规章《民用航空人员体检合格证管理规则》(CCAR－67FS)颁发的有效体检合格证，并且在行使驾驶员执照权利时随身携带该合格证。

(5)航空知识要求：

申请人必须接受并记录培训机构工作人员提供的地面训练，完成下列与所申请无人机系统等级相应的地面训练课程并通过理论考试。

A.航空法规以及机场周边飞行、防撞、无线电通信、夜间运行、高空运行等知识；

B.气象学，包括识别临界天气状况，获得气象资料的程序以及航空天气报告和预报的使用；

C.航空器空气动力学基础和飞行原理；

D.无人机主要系统，导航、飞控、动力、链路、电气等知识；

E.无人机系统通用应急操作程序；

F.所使用的无人机系统特性，包括：

1)起飞和着陆要求；

2)性能：

i)飞行速度；

ii)典型和最大爬升率；

iii)典型和最大下降率；

iv)典型和最大转弯率；

v)其它有关性能数据(例如风、结冰、降水限制)；

vi)航空器最大续航能力。

3)通信、导航和监视功能：

i)航空安全通信频率和设备，包括：

a.空中交通管制通信，包括任何备用的通信手段；

b.指令与控制数据链路(C2)，包括性能参数和指定的工作覆盖范围；

c.无人机驾驶员和无人机观测员之间的通讯，如适用；

ii)导航设备；

iii)监视设备(如 SSR 应答，ADS-B 发出)；

iv)发现与避让能力；

v)通信紧急程序，包括：

a.ATC 通信故障；

b.指令与控制数据链路故障；

c.无人机驾驶员/无人机观测员通讯故障，如适用；

vi)控制站的数量和位置以及控制站之间的交接程序，如适用。

(6)飞行技能与经历要求

申请人必须至少在下列操作上接受并记录了培训机构提供的针对所申请无人机系统等级的实际操纵飞行或模拟飞行训练。

A.对于机长：

1)空域申请与空管通讯，不少于 4 小时；

2)航线规划，不少于 4 小时；

3)系统检查程序，不少于 4 小时；

4)正常飞行程序指挥，不少于 20 小时；

5)应急飞行程序指挥，包括规避航空器、发动机故障、链路丢失、应急回收、迫降等，不少于 20 小时；

6)任务执行指挥，不少于 4 小时。

B.对于驾驶员：

1)飞行前检查，不少于 4 小时；

2)正常飞行程序操作，不少于 20 小时；

3)应急飞行程序操作，包括发动机故障、链路丢失、应急回收、迫降等，不少于 20 小时。

上述 A 款内容不包含 B 款所要求内容。

(7)飞行技能考试

A.考试员应由局方认可的人员担任；

B.用于考核的无人机系统由执照申请人提供；

C.考试中除对上述训练内容进行操作考核，还应对下列内容进行充分口试：

1)所使用的无人机系统特性；

2)所使用的无人机系统正常操作程序；

3)所使用的无人机系统应急操作程序。

8.修订说明

2015 年 12 月 29 日，飞行标准司出台了《轻小无人机运行规定(试行)(AC - 91 - FS - 2015 - 31)》，结合运行规定，为了进一步规范无人机驾驶员管理，对原《民用无人驾驶航空器系统驾驶员管理暂行规定(AC - 61 - FS - 2013 - 20)》进行了第一次修订。修订的主要内容包括重新调整无人机分类和定义，新增管理机构管理备案制度，取消部分运行要求。

9.咨询通告施行

本咨询通告自发布之日起生效，2013 年 11 月 18 日发布的《民用无人驾驶航空器系统驾驶员管理暂行规定》(AC - 61 - FS - 2013 - 20)同时废止。

中国民航局飞行标准司

参考文献

[1] 陈勤,吴华宇.大学摄影教程[M].北京:人民邮电出版社,2013.

[2] 孙毅,王英勋.无人机驾驶员航空知识手册[M].北京:中国民航出版社,2014.

[3] 任金州,高波.电视摄像[M].北京:中国广播电视出版社,2005.

[4] 雷曼尔.现代飞机设计[M].钟定逵,译.北京:国防工业出版社,1992.

[5] 方宝瑞.飞机气动布局设计[M].北京:航空工业出版社,1997.

[6] 顾诵芬,等.飞机总体设计[M].北京:北京航空航天大学出版社,2002.

[7] 徐鑫福,等.现代飞机操纵系统[M].北京:北京航空学院出版社,1987.

[8] 郭锁凤,等.先进飞行控制系统[M].北京:国防工业出版社,2003.

[9] 李学国.飞机设计中的主动控制技术[M].北京:航空工业出版社,1985.

[10] 杨景佐,曹名.飞机总体设计[M].北京:航空工业出版社,2003.

[11] 王同杰,王峰,沈嘉达.影视画面编辑[M].北京:中国青年出版社,2011.

[12] 周星.影视艺术概论[M].北京:高等教育出版社,2007.

[13] 陆绍阳.视听语言[M].北京:北京大学出版社,2009.

[14] 数字艺术教育研究室.Premiere Pro CC 基础培训教程[M].北京:人民邮电出版社,2016.